상위 1%의
비밀은
공부정서에
있습니다

· 일러두기: 이 책에서 사용하는 '엄마'는 주양육자를 지칭하는 용어로
쓰였습니다.

상위 1%의 비밀은 공부정서에 있습니다

스스로 해내는 아이로 만드는 정서 관리 원칙

정우열 지음

저녁달

공부를 즐겁게 만드는
감정의 힘

우리 아이들은 왜 공부를 해야 하는 것일까요? 대한민국 교육의 목표는 '바른 인성을 갖춘 창의융합형 인재'를 키우는 것이라고 하지만 실제로 초중고 교육과정은 대입을 최종목표로 두고 12년 동안 마라톤을 하는 것처럼 보입니다. 명문대 혹은 장래가 유망한 학과에 가려면 상위 몇 퍼센트 안에 들어야 하는데, 그러려면 초등학교 때부터 단단히 준비를 해야 한다고들 말합니다. 대입의 핵심인 수능과 고교내신 상대평가로 인해 경쟁 교육은 점점 더 치열해지고 있는 가운데 최근 학부모들 사이에서 떠오르는 키워

드 중 하나가 바로 '공부정서'입니다.

이 책에서 저는 우리 아이들의 공부정서에 대해 이야기를 해보려고 합니다. 사실 공부정서에서 제가 가장 중요하게 생각하는 부분은 '공부'가 아닙니다. '정서'가 주요 주제입니다. 초등학생 자녀를 둔 학부모뿐 아니라 아직 학교에 다니지 않는 어린아이를 둔 부모들에게도 육아하는 데 충분히 도움이 되는 이야기를 들려드리려고 합니다.

우리는 정서에 대해서, 감정에 대해서 잘 모르고 살아왔습니다. 학교에서 감정 교육을 받은 적도 없고 부모로부터 배운 적도 없어요. 그런데 요즘 아이들은 학교에서 감정 교육을 받고 있습니다. 자신의 감정을 이해하고 건강하게 표현하는 법을 배웁니다. 그래서 집에서도 부모가 매순간 아이의 감정을 잘 읽고 그 흐름을 따라가주는 게 정말 중요합니다.

그동안 저는 '공부'라는 주제에 대해서 말한 적이 별로 없습니다. 지양하고 싶었어요. 대치동에서 10년 넘게 청소년 상담과 학습 상담을 하면서도 그 주제로 책을 쓴 적은 없어요. 안 했어요. 그런데 오랫동안 상담하면서 느낀 점, 학부모들이 아이의 공부 문제로 고민하면서도 너무도 쉽게 간과하고 있는 점 등 제가 강조하고 싶은 이야기를 하기 위해 공부로 포장을 하게 됐습니다. 아이뿐 아니라 부모에게도 너무나 중요한, 이 '정서'에 대해 제대로 이해하고 적용하기를 바라기 때문입니다.

저는 직업상 수많은 환자들을 만나기 때문에 인간의 삶에서 정서가 얼마나 중요한 것인지 매일 절실하게 깨닫고 있습니다. 정서가 망가져서 큰 고통을 겪는 분들을 보면 너무나도 안타깝습니다. 저도 제 아이들을 키우면서 유년기의 정서가 얼마나 중요한 것인지 다시 깨닫고 있습니다. 그동안 제가 진료실에서 공부정서에 대해 느낀 점을 공유하고 아이의 인생에서 매우 중요한 '공부정서' 문제를 어떻게 슬기롭게 풀어나갈지에 대해 지금부터 이야기를 나누어보려고 합니다.

차례

프롤로그 – 공부를 즐겁게 만드는 감정의 힘　　　　　　4

1부

공부에서 정서가 왜 중요한가

망치지만 말자　　　　　　　　　　　　　　　13
구구단 트라우마　　　　　　　　　　　　　　22
표면적 행동에 집착할 때 놓치게 되는 것　　　31
공부정서가 망가질 때 나타나는 증상　　　　　45
내적 동기를 일으키는 요인　　　　　　　　　66

2부

좋은 공부정서의 기본 원칙

공부가 중요한 시기를 잘 헤쳐 나가려면　　　77
좋은 공부정서를 만드는 법　　　　　　　　　85
자기주도적인 아이로 만드는 부모의 역할　　　94

성격 유형별 공부정서 키우는 법

불안한 아이　　　　　　　　　　　109
예민한 아이　　　　　　　　　　　127
의욕이 없는 아이　　　　　　　　　138
자신감 없는 아이　　　　　　　　　153
집중 못 하는 아이　　　　　　　　159
승부욕이 심한 아이　　　　　　　　174

공부정서를 지키는 대화법

우리 아이는 어떤 성향일까　　　　　　　　187
아이의 정서를 읽어주는 마법의 대화법　　189
정서를 지키는 대화　　　　　　　　　　　207
정서적 대화법 1–아무 말 안 하기　　　　218
정서적 대화법 2–말하고 싶게 하기　　　　227
정서적 대화법 3–결론 내지 않기　　　　　245

에필로그 – 우리 아이 공부정서 지키기,
　　　　　 지금부터 시작하면 됩니다　　　248

1부

공부에서
정서가
왜 중요한가

망치지만 말자

아이를 키울 때 크게 세 번 내려놓는 순간이 찾아온다고 합니다. 분당서울대병원 정신건강의학과 윤인영 교수님이 하신 말씀 중에 공감되는 부분이 많아서 소개합니다.

✦ 내 아이가 생각보다 공부를 못한다는 것을 알았을 때

첫 번째 순간은 아이가 내 기대만큼 공부를 잘하지 않는다는 것을 알게 되었을 때입니다. 초등학생 이상 자녀를 둔 엄마라면 확 와닿으실 거예요. 아이가 자라서 중학생, 고등학생이 되면 이 사

실을 마주하게 되는 순간들이 점점 더 자주 찾아오게 될 겁니다. 빠르면 유치원 때부터 알게 되기도 하고 초등학생이 되어 학원을 다니기 시작할 때 알게 되기도 하죠. 그때 엄마는 기대와 다른 현실을 자각하고 '아, 우리 아이는 공부를 뛰어나게 잘하는 건 아니구나.' 하며 마음을 내려놓게 됩니다.

✦ 공부는 못해도 착할 줄 알았는데 착하지도 않을 때

두 번째 순간은 아이가 공부는 못해도 착하게만 자라면 된다고 생각했는데 착하지도 않은 것 같다고 느낄 때입니다. 유치원에서 아이가 친구 장난감을 뺏고 때렸다는 선생님의 전화를 받거나, "자기 애가 우리 애 때리고 욕까지 했어." 하는 다른 엄마의 말을 들으면 엄마는 너무 놀라기도 하고 상처받고 수치심까지 느낍니다. 공부는 못해도 인성이 바른 아이가 되기를 바랐는데 그렇지 않은 것 같으니 자책감도 들고 너무 좌절하게 되는 거죠. 이렇게 또 한 번 내려놓는 순간이 옵니다.

✦ 그저 건강하기만 바랐는데 아이가 아플 때

세 번째 순간은 아이가 아플 때입니다. 공부나 인성보다 건강이 가장 중요하다는 것은 모두가 잘 압니다. 그래서 건강 상태에 민감하게 반응하죠. 하지만 아이를 키우다 보면 아이가 어떤 질병에 걸려 아플 때도 있고 심리적인 문제로 힘든 시간을 보낼 때도 있게 마련입니다. 그런데 그 일이 실제로 내 아이에게 일어나면 또 한 번 마음을 내려놓게 된다는 겁니다.

아마도 이 세 가지 순간 중에서 첫 번째 좌절, 내 아이가 생각보다 공부를 잘하지 않는다는 것을 깨닫고 내려놓게 된다는 이야기에 공감하시는 분들이 많을 것 같습니다. 이 첫 번째 좌절은 꼭 학교 공부를 하고 나서야 경험하게 되는 것은 아니고 한글을 배우기 시작하면서 찾아오기도 합니다. 구구단도 그렇고요. 몇몇 고비의 순간들이 생각보다 일찍 찾아올 수 있습니다.

그러면 이렇게 좌절을 경험하게 되는 엄마들은 대부분 어떻게 행동할까요? 당장 닥친 문제를 빨리 해결해야 한다는 생각에 마음이 조급하고 불안해집니다. 공부 이외의 재능을 찾아주려고 애쓰는 동시에 조금 더 학습량을 늘리고 아이에게 잘 맞는 공부법을 찾으면 나아지지 않을까 하는 기대를 버리지 못해서 좋다는 학원을 고르고 숙제를 열심히 시키게 되죠. 엄마들 사이에서 "누구는 수학 진도를 3년 선행을 하고 있고, 영어는 탑 반에 들어갔대."라는 이야기를 듣고 있으면 우리 아이도 1등까지는 아니더라도 공부를 잘 따라갈 수 있게 해줘야 할 것 같거든요. 그런데 엄마의 불안한 마음과 스트레스는 고스란히 아이에게 전달되고 맙니다.

"너 숙제 했어, 안 했어?"

"오늘 수학 20쪽은 무조건 풀어야 해. 영어랑 논술 숙제도 있는 거 알지?"

아이를 독촉하고 닦달할 수밖에 없게 되거든요. 아이를 위해서 엄마는 최선을 다하고 있지만 엄마의 계획대로 끌려다니기만 한 아이는 '공부는 힘들기만 한 것'이라는 감정을 서서히 만들어가게 될 겁니다.

✦ 망치지만 말자

"망치지만 말자"

제가 부모 대상으로 강의할 때 늘 드리는 말씀입니다. 부모의 목표는 육아에서도 교육에서도 '망치지 않는 것'입니다. 잘하는 게 아니에요. 저도 아빠이기 때문에 육아에 대해 그리고 교육에 대해 많은 압박감을 갖고 있습니다. 많은 부모들이 그런 생각과 감정을 갖고 있다는 걸 잘 알아요. 그런데 한편 정신과 의사로서 제가 늘 강조하는 말이 있습니다.

"사람이 생각보다 별로다."

육아에 대해 강의할 때 자주 하는 말도 있습니다.

"부모도 사람이다."

그러면 이런 결론이 나옵니다.

"부모도 생각보다 별로다."

우리 사회에서는 점점 부모가 할 일의 기준이 너무 높아지고 있습니다. 그 때문에 육아나 교육 측면에서 아이를 훌륭하게 잘 만들어줘야 할 것 같은 압박감을 많이 가지는 것 같아요. 그런데 이때 생각해보아야 할 점은 놀랍게도 그런 압박감을 가지고 아이를 대할 때 부모가 아이에게 긍정적인 영향을 미칠 가능성은 거의 없다는 것입니다. 반대로 부정적인 영향을 미칠 가능성은 큽니다. 그래서 기준을 '잘하자'가 아니라 '최악만 막자'는 정도로 유지하는 것이 매우 중요합니다.

'최악만 막자'는 뜻이 '최소한의 양육이나 교육만 하자'는 말은 결코 아닙니다. 헷갈리시면 안 돼요. 비록 최고 수준으로는 못해줘도 최악은 피하게 한다는 정도의 마음가짐을 가져야 부모의 감정이나 멘탈도 관리가 되고, 그러다 보면 자연스레 최선의 육아, 최선의 교육을 하게 되는 선순환이 이루어집니다.

육아는 나무를 키우는 것과 같아요. 아이는 천천히 자랍니다. 인간과 다른 동물의 차이점이죠. 저는 고양이를 키우는데 고양이는 태어나자마자 기어다니고 혼자서도 잘 잡니다. 두 달만 지나도 마구 뛰어다닙니다. 인간과 달리 혼자 잘 자고 혼자 잘 먹고 배변 활동도 알아서 합니다. 그래서 고양이를 키울 때는 수월하다는 느낌을 많이 받았습니다. 그런데 인간은 걷는 데만 해도 1년이 걸리고 혼자서 독립적인 생활을 하게 만드는 데는 20년이 넘게 걸립니다. 그게 육아의 기간이고, 그래서 육아가 천천히 자라는 나무를 키우는 것과 같다는 것입니다.

콩나물에 물을 주면 물이 아래로 다 빠져나가는 것 같은데도 콩나물은 자랍니다. 아이도 마찬가지예요. 당장 뭔가를 눈으로 확인하려고 하는 순간, 실망하고 좌절하게 됩니다. 아이가 아무것도 달라진 게 없는 것 같거든요. 그러면 엄마의 마음이 더 조급해지고 결국 악순환에 빠지게 됩니다. 그것이 결국 육아와 교육을 망치게 되는 길이에요. 아이를 천천히 길게 지켜보는 게 중요합니다.

식물을 키울 때 물도 주지만 햇볕도 쬐어주고 바람도 맞게 해주고 거름도 주면 더 좋을 겁니다. 우리가 식물을 잘 키우려고 할 때 하는 행동은 딱 그 정도예요. 식물을 잘 키우겠다고 유전자 조합을 하고 세포배양을 해서 초고속으로 키우려고 하진 않잖아요. 그건 우리의 영역이 아닙니다. 식물이 어떻게 자랄지는 식물의 타고난 영역이고 우리가 할 일은 환경을 조성해주는 것뿐입니다. 환경이 잘 조성된 곳에서는 식물이 건강하게 천천히 잘 자랍니다. 그와 같은 경험을 긴 호흡으로 반복하는 게 육아이고 교육입니다.

조급하게 빨리 자라게 하겠다고 "빨리 커!" 하며 식물을 잡아 늘이면 어떻게 될까요? 키가 커지고 잘 자라는 게 아니라 뿌리가 뽑힙니다. 그렇게 뿌리가 뽑히고 상처를 받으며 자란 아이는 나중에 저 같은 전문가에게 오게 됩니다. 직업적인 특성상 그런 아이들을 주로 마주하기 때문에 안타깝습니다. 그러다 보니 아이를 망치는 행동만 하지 않아도 참 다행이겠다는 생각을 자주 합니다.

재능이 뛰어나고 잠재력이 많고 지능지수가 상위 1% 이상인데 이렇게 뿌리가 뽑힌 채 정서적으로 망가져서 자기의 잠재력을 발휘하지 못하는 아이들을 보면 마음이 아픕니다. 이는 사회적인 손실이기도 하지만 우선은 개인에게 너무나 큰 좌절이에요. 앞으로 이 책에서 아이를 천천히 키우는 법에 대해 하나하나 말씀드리고자 합니다.

"이미 망친 것 같아서 겁나요."

부모가 되면 망친다는 말만 들어도, '망'자만 들어도 마음이 불안하고 흔들리게 마련입니다. 그런 불안이 부모에게는 모두 있어요. 부모의 욕심이 결국 아이의 정서를 망가지게 한다고 했지만, 욕심 자체가 나쁘다거나 부모는 욕심을 버려야 한다는 얘기를 하려는 건 아닙니다. 욕심은 본능이에요. 욕심은 사람에게 중요한 본능입니다. 또 사람이 생각보다 별로여서 욕심이 많아요.

아이를 임신했을 때 엄마 아빠가 태교하면서 가장 많이 하는 말이 있습니다.

"건강하게만 자라라. 엄마 배 속에서 무탈하게 잘 커서 만삭되면 나와라."

그렇게 아기가 건강하게 태어나고 나면 더 바람이 없을 것 같지만 이젠 잘 먹고 잘 자길 바랍니다. 이왕이면 정서적으로도 좀 더 안정되면 좋겠고, 어린이집이나 유치원에 가서는 사회성이 좋아서 아이들과 잘 지내고 리더십도 있으면 좋겠다고 생각합니다. 초등학교 갈 무렵부터는 이제 공부도 잘하기를 바라죠. 엄마라면 누구나 이런 마음이 생깁니다. 인지상정이에요. 저도 머릿속으로는 부모의 기대와 아이의 발달이 일치하지 않는다는 사실을 이미 잘 알고 있었지만 아이를 키우다 보니 어쩔 수 없이 그렇게 되더라고요. '신체적으로 건강하고 정서적으로 안정되고 기왕이면 공부도 좀 잘하면 좋겠고…' 이것이 자연스러운 부모 마음인 것 같습니다.

"사람은 사람에 대한 기대치가 생각보다 높다."

제가 진료 중에 자주 깨닫는 사실입니다. 여기서 말하는 '사람'

에는 남도 해당되고 나도 해당됩니다. 엄마인 내가, 나에 대한 기대치가 높아서 뭔가를 더 많이 해줘야 할 것 같은 강박을 느끼는 사람도 있고요. 반대로 아이에 대한 기대치가 높아서 아이에게 많은 걸 요구하기도 합니다. 그러고는 '아이인 걸 감안했어야 했는데 내가 너무 몰아붙였구나.' 하며 성찰하고 또 후회하고 자책합니다. 하지만 다음 날 또 그런 말과 행동을 반복하죠. 이게 일상적인 육아의 단면이고 엄마들의 삶입니다.

"망치지만 말자."

아이를 대할 때마다 이 문장을 꼭 기억하시기 바랍니다.

구구단 트라우마

많은 엄마들이 아이가 한글을 배우는 시점부터 공부에 대한 생각을 시작했을 겁니다. 한글을 가르칠 때 만약 아이가 엄마의 기대만큼 못 따라왔다면 아이에게 화를 냈을 수도 있어요. 그런데 화를 내는 정도가 지나치고 반복된다면 그 경험은 아이에게 고스란히 트라우마로 남습니다. 제가 부모와 아이들을 상담하면서 굉장히 자주 접하는 사례가 바로 '구구단 트라우마'입니다.

공부는 성인이 되어서도 계속해야 합니다. 대학을 졸업한 후에도 취업 준비를 위해서 공부를 하고, 자격증 시험을 위해 공부하기도 하고, 또 다른 꿈을 향해 새로운 교육을 받기도 합니다. 요즘은 평생교육의 시대입니다.

진료실을 찾아온 내담자의 부정적 정서와 관련된 생각, 세상에 대한 가치관, 자기에 대한 인식 등을 분석할 때 핵심적으로 자리 잡고 있던 중요한 개념이 하나 있었습니다.

"나는 공부를 못한다."

대체 이 느낌이 어디에서부터 시작됐을지 알아보기 위해 정신과에서는 상담 중에 계속 호기심을 가지고 내담자를 대합니다. 이런저런 이야기를 하다 보면 과거까지 거슬러 올라가게 되는데, 그러다 보면 결국 구구단 트라우마로 연결되는 경우가 많습니다. 구구단은 초등학교 2학년 수학에 나오는데 많은 엄마들이 초등학교 입학하기 전에 한글이나 구구단은 떼야 한다고 생각해요. 물론 미리 가르치고 준비시켜놓는 게 무슨 문제가 되겠어요? 대부분은 별문제 없습니다. 다만 이 과정에서 문제가 되는 건 그 과정이 지나칠 때 아이들이 트라우마를 겪게 된다는 것이죠.

사실 트라우마라는 게 굉장히 주관적이기 때문에 엄마도 놓칠 때가 많습니다. 아이에게는 언어적·정신적 트라우마가 남기도 하고 심지어 신체적 트라우마가 남기도 합니다. 지금은 그래도 육아에 대한 교육이 잘 이루어져 부모들이 더 성숙하고 효과적인 자녀 교육을 할 수 있게 되었지만, 현재 성인인 분들은 어렸을 때 부모로부터 훈육이라는 명목하에 체벌을 경험하신 적이 있을 거예요. 구구단을 다 못 외우면 손바닥을 맞기도 했고요. 다 외울 때까지 계속 맞고 혼도 났습니다. 체벌은 일시적으로는 효과가 있어 보입니다. 아이가 그 순간에 조금 더 집중하게 만들기 때문에 잘 외우고 있다는 느낌을 주죠. 하지만 장기적으로는 체벌이 효과가 없고 오히려 부작용이 많다는 연구는 무궁무진하게 있습니다.

공부하는 과정에서 체벌 트라우마가 생긴 아이는 성인이 되어서도 여전히 공부와 관련된 부정적인 정서를 갖고 있는 경우가 많아요. 그냥 구구단일 뿐이고 외우면 되는 건데 그 과정에서 아이가 반복적으로 느꼈던 감정이 너무 힘들었던 것이죠. 매를 맞아서 아팠던 기억도 있겠지만 그보다 더 오래 남아 자신을 힘들게 하는 감정은 바로 너무 부끄러운 마음, 수치심입니다.

'나는 별로인가 봐.'
'나는 너무 부족한 사람인가 봐.'
'이걸 못 외워서 친구들 앞에서 혼나다니 너무 창피해.'

엄마가 과하게 욕심을 내다 보면 아이가 잘 따라오지 못하니까 화를 내고 혼내는 과정에서 인격을 모독하는 말을 내뱉게 되기도 합니다.

"이것도 못해?"

"그래가지고 뭐가 될 거야?"

"엄마가 너 그럴 줄 알았어."

"네 친구들은 벌써 이거 다 외우고 19단까지 외웠대."

구구단을 외울 때만 그런 게 아니죠. 한글을 배울 때도 영어를 배울 때도 계속 비난하는 말을 합니다. 그러면 아이는 고개를 푹 숙이고 주눅이 듭니다. 마음에 상처도 받게 됩니다. 아이가 자신의 마음을 구체적으로 표현하거나 크게 감정적으로 반응하지 않으니까 엄마가 이를 놓치기 쉬운데요. 사실 아이는 그때 무척 자존심 상해하고 수치심을 느꼈을 겁니다. 아이가 이런 감정을 표현하지 못하니까 아이가 혼나고도 아무렇지 않을 거라고 여기면 아이의 감정을 놓치는 겁니다. 그리고 이 아이는 성인이 되고 나서야 뒤늦게 깨닫겠죠.

'아, 그때 느꼈던 느낌이 지금 이런 거였구나.'

이것이 이 책에서 말씀드리려는 '공부정서'입니다. 정서는 너무나 중요합니다. 망치지만 않아도 성공입니다. 구구단 하나 더 외우게 하려다가 우리 아이 정서를 망쳐서는 안 됩니다. 물론 공부 시키지 말라는 말이 아니에요. 공부는 분명히 시켜야죠. 아이가 세상을 살아가기 위한 지식은 꼭 익혀야 하니까요. 자기 꿈을 위해서도 공부는 꼭 필요합니다. 다만 공부를 언제 어떻게 시킬 것인가는 엄마의 가치관마다 다르기 때문에 정답이 없어요. 중요한 것은 아이가 얼마나 학습을 잘하느냐가 아니라 공부할 때 아이의 정서를 엄마가 얼마나 잘 알아주느냐입니다.

구구단 트라우마가 있는 사람은 성인이 되어 자격증을 공부할 때도 통계학, 회계학, 세법 같은 수학 관련 과목을 만나면 괴로워합니다. 이 자격증을 가지고 있으면 일에도 도움이 되고 또 다른 꿈을 이루는 데 필요하기 때문에 꼭 합격하고 싶은데 공부가 잘안 되는 거예요. 해야 하는 건 아는데 수학이나 수리 관련된 내용이 나오면 미리 겁부터 나고 거부감이 생기고 무섭고 하기 싫어지거든요. 그러니까 자기가 하고 싶은 공부인데도 안 하고 미룹니다. 마음이라도 편하면 좋을 텐데 그렇지도 않아요. 마음이 불편해요. '해야 하는데…. 해야 하는데….' 이러면서 가지도 못하고 서지도 못하는 애매한 상황에 빠지게 되는 거죠. 이런 사례가 매우 흔합니다.

"구구단 공부시키면서 화를 많이 냈어요."
"한글 가르치면서 처음으로 아이한테 소리를 질렀어요."

이미 아이에게 상처 주는 말을 해서 후회가 되신다면 앞으로도 시간이 있으니 지나치게 자책하거나 너무 조급해하지 마세요. 공부정서에 대해 공부하고, 섬세하게 아이와 정서적인 상호작용을 잘하면 됩니다. 구구단뿐만 아니라 공부를 가르치다 보면 어느 엄마든 화가 많이 나요. 여기에도 이유가 여러 가지 있는데요.

가장 중요한 원인은 엄마의 공부정서가 자극된다는 데 있습니다. 물론 공부 때문만이 아니라도 아이를 키우다 보면 화가 나는 순간은 정말 많습니다. 하지만 공부는 다른 육아 영역과는 성격이 좀 다릅니다.

아이를 가르치다 보면 공부에 대해 오랫동안 가지고 있던 부정적인 정서가 다시 살아납니다. 어린 시절 공부를 하며 경험했던 감정들, 하지만 제대로 다루지 못했던 감정들은 마음 깊은 곳에 그대로 깔려 있습니다. 그러다 아이가 공부를 하게 되면서 다시 스멀스멀 그때의 감정들이 떠오르게 되는 겁니다. 한동안 공부에 밀접한 삶을 살지 않아서 덮여 있었던 감정이 드러나게 되는 것이죠. 잊고 있었을 뿐 해결된 것은 아니었던 거예요.

엄마는 불편한 감정과 기억을 외면하고 아이에게 집중하고 싶지만, 아이가 공부하는 모습을 볼 때마다 부정적인 감정이 건드려지고 결국은 아이에게 그 감정을 표출하게 되는 겁니다.

이때 놓치지 말아야 하는 게 하나 있습니다. 아이가 경험하는 감정은 생각보다 깊고 넓고 아프고 오래 간다는 점이에요. 나의 말 한마디, 스치듯 지은 표정, 사소한 감정이 아이에게 큰 영향을 끼칠 수 있어요. 특히 부정적인 감정은 더 오래 남습니다. 하지만 부모도 인간인데 어떻게 늘 좋은 감정만 보이고 좋은 말만 하겠어요? 좋은 모습만 보이려고 하는 것보다는 '내가 최악의 이야기를 하고 있는 건 아닌가?' 하고 스스로 점검하는 게 훨씬 더 낫습니다.

"아이를 붙잡고 화를 내느니 그냥 두는 게 나을까요? 아이 스스로 공부해야 하는데 하다 말다 합니다. 그러다보니 여덟 살인데도 한 자리 수 더하기 문제 푸는 데도 시간이 오래 걸려요."

아이가 공부에 있어 또래 아이보다 부족하거나 뒤처지는 것 같을 때, 아이 스스로 하도록 기다려주는 것도 방법 중 하나이긴 합니다(기다려주는 것과 방치하는 것은 다르니 헷갈리시면 안 됩니다). 하지만 엄마가 옆에서 조금 도와주었을 때 문제를 잘 풀어낸다면 아이는 해냈다는 성공 경험을 한 번 하게 되겠죠. 이러한 성공 경험은 꼭 필요합니다. 그리고 그 과정에서 엄마는 아이의 정서를 잘 읽어주고 공감해줘야 해요.

"저는 부모한테 좋은 말 한 번 들은 적 없고 욕만 들었는데 내리사랑이라는 말도 있잖아요. 사랑받지 못한 사람도 아이에게 사랑과 믿음을 줄 수 있을까요?"

이것도 참 많이 받는 질문인데요. 통계적으로 보면 학대를 받은 사람 중 3분의 1 정도는 학대를 반복하고, 3분의 1 정도는 할 수도 있고 안 할 수도 있고, 3분의 1 정도는 스스로 노력하고 극복해서 좋은 양육을 할 수 있습니다. 자신의 경험이 반복되지 않도록 노력하면 얼마든지 더 좋아질 수 있습니다. 그래서 제가 육아 강의를 하고 책도 쓰는 거예요. 강의나 상담을 해보면 지금 부모인 사람 중에 학대받고 자란 사람들이 많습니다. 그래서 제가 정서가 중요하다는 얘기를 하면 "저는 정서적인 교육 못 받아서 우리 아이의 정서도 몰라줄 수밖에 없을 것 같은데…" 하며 벌써부터 좌절하려는 분들이 있습니다. 지금 어린 자녀를 둔 부모 세대 중에 정서적인 교육을 받고 자란 사람들 별로 없을 거예요. 그래서 우리가 정서 공부를 열심히 해서 더욱더 정서를 잘 이해하고, 거기에 신경 써야 하는 거예요. 그러면 아이의 정서에 집중하는 양질의 양육을 할 수 있습니다.

문제는 엄마가 '내가 아이의 정서를 놓치지 않고 함께하고 싶다. 이제 아이의 마음을 잘 읽어줘야겠다.' 하고 마음을 먹었다 해도 쉽게 되는 건 아니라는 점입니다. 엄마의 정서와 아이의 정서는 상호작용하는 것이기 때문에 엄마의 정서가 부정적이어서 화를 내게 되면 아이의 정서에도 영향을 미치게 됩니다. 또한 엄마의 정서는 아이가 공부를 시작하기 훨씬 전인 유아기부터 영향을 미칩니다. 이제 유아기 아이와 엄마의 정서에 관한 이야기를 이어서 해보려고 합니다.

표면적 행동에 집착할 때
놓치게 되는 것

우리가 우선 공부 관련된 정서 관리 원칙을 이해하기 이전에 양육 활동을 점검해볼 필요가 있습니다. 공부정서도 결국 육아에서 연장되어 만들어지기 때문입니다.

우리가 육아를 할 때 가장 신경 쓰는 것 두 가지는 뭘까요? 바로 아이가 잘 먹고 잘 자는 것입니다. 본능적으로 사람에게 가장 중요한 일이니까요. 그래서 아이가 음식을 규칙적으로 골고루 먹게 하는 식습관 교육과 제시간에 잘 자게 하는 수면 교육에 많은 노력을 기울입니다. 그런데 지나친 기준, 지나친 통제, 지나친 습관에 집착해 훈육에 너무 몰입하게 되면 문제가 생깁니다. 더 구체적으로 말하면 모든 상황에는 표면과 이면이 있는데 표면에만 집착하게 될 때 문제가 생기는 경우가 많습니다. 실제로 많은 엄마들이 그런 실수를 저지릅니다.

✦ 상반된 본능

한때 '육아 도우미'로 화제였던 '도깨비 전화'라는 앱이 있습니다. 엄마들에게는 굉장히 인기가 많은 앱인데요. 아이가 잠을 안 자려고 할 때 "빨리 안 자면 도깨비한테 전화한다!" 하면서 이 앱을 사용하면 무서운 도깨비와 실제로 통화를 하는 것 같은 상황을 만들 수 있다고 합니다. 그러면 도깨비가 전화를 받고 무서운 목소리로 빨리 자라고 겁을 줍니다. 이에 놀란 아이는 이불을 뒤집어쓰고 자는 척을 하다가 잠이 들죠. 도깨비 그림이 어른이 봐도 공포스럽고 징그럽습니다. 어린이 그림책에는 절대 들어갈 수 없는 그림이에요. 아이가 잠을 안 자고 자꾸 놀려고 하고 계속 책을 읽어달라고 할 때 제시간에 잠을 재워야 하니까 결국 엄마는 쉽고 빠르게 아이를 재우기 위한 방법을 선택하게 되는 것입니다.

여기서 생각해봐야 할 건 정서화라는 부분인데요. 아이들은 왜 도깨비의 전화를 받고 바로 잘까요? 무섭기 때문이죠. 공포, 불안, 두려움이라는 감정을 이용해서 아이를 엄마가 원하는 행동으로 이끌었습니다. 공포를 이용해 잠을 재운 겁니다. 언뜻 보면 아이가 빨리 잠을 잘 자게 되었으니 효과적인 방법이었다고 생각할 수도 있습니다. 그런데 여기서 놓치게 되는 건 정서입니다.

특정 행동과 특정 감정이 반복적으로 맞물리다 보면 그 행동을 할 때마다 거대한 감정의 흐름이 형성됩니다. 잠이라는 표면적인 행동 이면에 있는 정서는 불안, 공포, 두려움 등으로 자리 잡게 되고, 공포와 불안으로부터 도망가는 행동이 잠이라는 식으로 연결이 되는 거예요.

그저 잠잘 시간에 잠을 잔다고 해서 수면 교육이 잘된 것이라고 볼 수 없습니다. 앞으로 잠은 평생 잘 건데 잘 때마다 불안, 공포, 두려움의 정서가 동반될 수 있으니까요. 그리고 이 순서가 반대로 나타나기도 합니다. 예를 들어 살다 보면 두렵고 공포스러운 일을 겪을 때도 있을 텐데 그때마다 잠으로 도망가는 것이죠. '이럴 때 내가 잤지.' 하고 자동 습관이 만들어지는 겁니다. 그 감정이 잠을 통해 해결되는 느낌이 익숙해지면 두려움과 공포 감정을 피하는 방법으로 잠을 택합니다. 잠을 계속 잡니다. 낮에도 스트레스 받으면 몇 시간씩 자는 거예요. 잠이 중요한 도피의 수단이 되는 경우도 많아요. 그래서 우울증이나 불안장애를 겪는 사람들 중에 불면증으로 힘들어하는 분들도 있지만 과수면 증상을 겪는 경우도 있습니다.

습관을 만들어줄 때도 아이가 그 순간에 어떤 감정을 느끼고 있는지 그 과정을 반복적으로 경험하며 어떤 정서가 형성될지 살피는 게 중요합니다. 표면만 보고 효과적이었다고 할 게 아니라 행동 이면에 있는 아이의 정서를 주의 깊게 보고 놓치지 말아야 합니다.

부정적인 감정, 즉 불안과 공포를 자극해서 아이를 훈육하는 것은 단기적으로는 효과가 있는 것처럼 보여요. 하지만 부작용이 너무나 큽니다. 체벌과 마찬가지로 공포를 이용한 훈육도 잘 먹히기 때문에 엄마라면 커다란 유혹에 흔들릴 겁니다. '도깨비 전화' 앱을 쓰면 한 번에 상황 종료가 되니까요.

아이들은 전적으로 엄마를 의지하고 의존하기 때문에 엄마가 나를 버리거나 쫓아내는 것에 대한 불안과 공포가 큽니다. 그럴까 봐 엄마의 눈치를 살펴요. 아이가 말을 안 듣고 고집을 피우는 상황에서 엄마도 화가 치밀어 오르면 자신도 모르게 아이의 가장 약한 부분을 공격하기도 합니다.

"너 자꾸 말 안 들으면 내쫓을 거야."

내쫓는 연기를 하기도 하고 심한 경우에 실제로 문밖으로 내쫓아요. 그러면 아이는 엄마로부터 버림받았다는 공포가 확 올라와서 잘못했다고 납작 엎드리고 엄마의 말을 듣습니다. 이게 바람직한 훈육일까요? 아이가 그 순간에는 말을 듣고 엄마가 원하는 행동을 할 겁니다. 그런데 표면적인 행동 이면의 정서는 공포와 불안으로 자리 잡히게 됩니다. 그 행동이 만약 공부였다면 공부가 공포와 불안이라는 감정과 연결되는 것이죠.

식습관도 마찬가지입니다. 엄마는 아이가 밥 먹을 때 흘리지 않고 깔끔하게 스스로 골고루 잘 먹으면 좋겠다고 생각해요. 더러운 행동 안 하고, 떠먹여달라고 하지 않고, 느릿느릿 오랫동안 먹지 않고, 편식하지 않고요. 식습관은 영아기부터 시작되어 오랜 기간에 걸쳐 형성되고 한번 잘못 형성된 식습관은 성인이 되어서도 지속되기 때문에 어릴 때 식습관을 잘 들여야 한다고 믿습니다. 그런데 식습관 교육을 하는 동안 아이에게 부정적인 정서를 심어주게 되는 경우가 매우 흔합니다.

수면 교육에서는 공포와 불안과 관련된 감정을 말씀드렸는데요. 식습관은 자율성과 연관이 됩니다. 아이가 스스로 하고 싶은 대로 하고, 먹고 싶은 것을 먹는 것이 자율성이에요. 이것은 배변 훈련과도 연결된 감정입니다. 이전까지는 철저히 본능에 복종할 수밖에 없던 아이가 배출하느냐 마느냐를 스스로 결정할 수 있게 되기 때문입니다. 참고로 배변 훈련은 부모의 양육 행동을 평가하는데 있어서 굉장히 중요한 하나의 지표인데요. 아이의 자율성을 지나치게 통제하지는 않는지 살펴보는 기준이 됩니다.

식습관 교육을 할 때, 골고루 먹이고 싶어서 싫어하는 음식을 억지로 먹게 하고 제한 시간을 엄격히 지키게 하는 것은 아이의 자율성을 지켜주지 못하는 행동일 수 있습니다. 물론 식습관 교육에서 규칙을 만들어 지키도록 하는 것은 매우 중요하지만 행동을 바로잡는 것에만 집중하고 이면의 정서를 고려하지 않으면 엄마의 행동이 어느새 거칠고 세져요. 엄마가 강압적으로 행동하는 이유는 아이의 약점, 즉 감정적인 고통을 이용해서 행동을 유도하려는 것입니다.

영유아기 아이들은 밥을 얌전히 먹지 않아요. 밥을 만지고 가지고 놀고 숟가락을 던지기도 합니다. 배가 안 고파서 그럴 수도 있고 탐색하는 것일 수도 있어요. 자연스러운 현상입니다. 이때 엄마는 옆에서 그러면 안 되는 거라고 반복적으로 알려주기만 하면 되는데요. 그걸 강압적으로 알려주는 경우가 문제가 되죠. 무섭게 혼을 내고, 먹기 싫어하는데 먹어야 한다고 강요하고, 억지로 입에 넣는 것 등 모두 아이를 통제하는 겁니다.

그럴 때 아이는 자율성이 훼손되는 느낌을 받아요. 그리고 그 느낌은 수치심으로 넘어갑니다. 아이도 뭔가 느껴요. 정확하게 '공포감을 느꼈어. 수치심을 느꼈어.'라고 어떤 감정인지 정의하지는 못해도 내 존재가 인정되지 않는 느낌, 존중되지 않는 느낌, 강압적으로 내가 좌지우지되는 느낌을 받습니다. 아이는 자라면서 점점 더 자율성이 커지고 독립적인 욕구가 커지는데, 그 시기와 맞물려서 그런 느낌을 받으면 통제에 대한 거부감과 부정적인 정서도 커집니다.

식습관 교육, 수면 교육 등 습관 교육에서 알게 모르게 엄마가 불안과 공포감 등의 정서를 건드려서 훈육하는 경우가 많은데요. 사실은 훈육이라고 볼 수는 없습니다. 바람직한 방법이 아니기 때문에 체벌에 가깝습니다. 이렇게 되면 사람의 중요한 본능, 즉 아이나 어른이나 모두 가지고 있는 '상반된 본능'이 훼손됩니다. 상반된 본능이란 일반적으로 대립되는 본능이나 욕구를 의미하는데요. 사람의 행동이나 욕구가 대립적인 두 가지 본능 또는 욕구 사이에서 갈등을 일으키는 상황을 나타내는 데 사용됩니다. 매우 중요한 본능이에요.

✦ 친밀 욕구

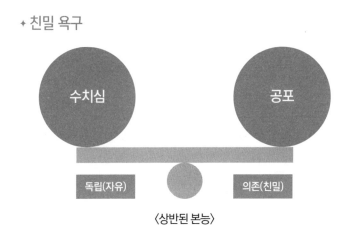

〈상반된 본능〉

이 그림에서 볼 수 있듯이 한쪽에 의존 욕구, 즉 친밀 욕구가 있습니다. 사랑받고 싶은 욕구, 유대감의 욕구죠. 이 욕구가 있어서 애착이 형성되고 부모와 항상 끈끈하게 붙어 있고 싶고 부모와의 관계에서 깊은 정서적 경험을 하고 싶은 마음이 생깁니다. 그런데 잘못된 훈육을 경험한 아이는 이 의존 욕구가 사라지는 느낌을 받게 됩니다.

"말 안 들으면 너 버릴 거야."
"다음에 또 잘못하면 내쫓을 거야."

가볍게 한 말이어도 아이는 이런 말을 들으면 마음의 문이 닫히고 차단당하는 느낌을 받게 됩니다. 꼭 말로 하지 않아도 표정만으로도 그런 느낌이 아이에게 전달될 수 있습니다. 기질적으로 유난히 친밀 욕구나 의존 욕구가 강한 아이들이 있습니다. 그런 아이들에게는 더 섬세하게 접근해야 하는데요. 그게 잘 안 될 경우에는 아이가 불안에 사로잡힐 수 있습니다. 이를 '유기불안'이라고합니다. 부모가 나를 버릴 수 있다는 생각을 떨치지 못하는 겁니다.

'언젠가 엄마 아빠가 나를 버릴지 몰라.'
'나는 엄마 아빠와 같이 살 수 없을지 몰라.'

유기불안은 친구 관계로도 이어집니다.

'이 집단에서 나만 소외될지 몰라.'

　아이의 불안감이 점점 커지면 손해를 보고 상처를 입으면서도 친구를 잃고 싶지 않아서 친구 부탁은 다 들어줍니다. 그런 상황이 반복될수록 인간관계는 더 힘들어지게 되죠.

　육아를 하면서 엄마가 하는 말과 행동으로 인해 그때 아이가 받았던 느낌은 아이가 크면서 사라지는 게 아니라 그대로 남아 있습니다. 불안과 공포를 자극해서 사랑, 애착, 친밀감의 욕구를 훼손해가며 행동을 교정하는 것에 대한 부작용은 너무나 큽니다.

　"우리 애는 게임에만 너무 집착해요. 처음에는 친구들과 게임을 즐기는 것도 괜찮다고 생각했는데, 점점 게임 시간이 늘어나면서 밤늦게까지 몰래 게임하는 경우도 있어요. 게임 그만하라고 하면 화만 냅니다."

　숙제든 책 읽기든 해야 할 일을 안 하고 게임만 하고 있는 모습을 보면 답답하실 겁니다. 이때 당장 눈앞에 보이는 문제를 해결하려 뛰어들지 말고 상황을 넓게 보는 게 좋습니다. 어떻게 하면 게임을 못하게 할 것인지, 멀리하게 할 것인지 등 표면적인 것에만 집중하지 마시고 넓게 보세요. 아이의 행동 이면에 어떤 감정이 있길래 계속 게임만 하려고 하는 건지 세심하게 관찰하고 대화를 해야 합니다.

　게임 문제는 남자아이들에게서 더 나타나는 경향이 있는데 대부분 문제는 정서에 있습니다. 정서적으로 뭔가 힘든 게 있을 거예요. 감정이 공유되지 못하는 느낌이나 외롭게 고립된 느낌도 있을 거예요. 그런데 아이 자신은 이게 뭔지 정확히 알지 못하고 괴롭기만 한 거죠. 실제로 살펴보면 불안과 공포를 조장한 훈육 때문에 자신의 존재감을 인정받지 못하는 느낌을 가지고 있는 경우가 굉장히 많습니다. 특히 남자아이들에게서 더 많이 나타나고요. 나를 있는 그대로 인정해주지 않는 느낌, 거부하는 느낌, 존중하지 않는 느낌, 그것이 수치심으로 이어지고 그게 자극되는 순간 화를 냅니다. 분노가 확 치밀어오르는 거예요.

　아들이 자꾸 버럭 하고 화를 내서 힘들다고 토로하는 아들 엄마들이 많습니다. 그런데 단순히 표면적인 행동만 보고 게임을 못하게 했더니 화를 냈다고 결론을 내버리면 안 됩니다. 이면에 있는 정서에 분명히 오랫동안 쌓인 게 있을 것이기 때문에 차근차근 어떤 정서가 쌓였는지 살펴보고 잘 다뤄줘야 합니다. 아이가 사춘기가 되면 키우기가 더 힘들어질까 봐 미리 걱정하는 분들도 많은데요. 진짜 더 힘들어지는 거 맞고요. 엄마는 아이에게 사춘기가 오기 전에 어떻게 하면 내가 놓친 정서적인 부분을 파악하고 아이와 잘 상호작용할까에 대해 고민하셔야 합니다.

✦ 독립 욕구

앞에서 보았던 〈상반된 본능〉 그림에는 다른 사람과 사랑을 주고받으며 상호작용하고 싶은 친밀 욕구 반대편에 다른 욕구가 하나 더 있었습니다. 바로 독립 욕구, 즉 자유 욕구인데요. 아이는 엄마에게 애착과 사랑을 갈구하면서도 자신의 자율성 또한 최대한 발휘하고 싶어 합니다. 아이가 자라면 독립 욕구는 점점 더 커지는데 아이가 혼자서 마음대로 움직이고 뭔가 해보려고 할 때 그게 훼손되는 느낌을 받으면 부정적인 정서가 만들어지게 됩니다.

식사 시간을 예로 들면 아이도 원하는 식사 방식이 있을 겁니다. 먹고 싶은 것만 먹고 싶고, 숟가락 말고 손을 쓰고 싶기도 하고, 먹는 시간도 마음대로 하고 싶을 수 있어요. 자유롭게 행동하고 싶을 겁니다. 아기였을 때는 엄마가 먹여주는 대로 먹었지만 점점 자기 욕구가 생기면서 자신이 원하는 대로 행동하고 싶은 거예요.

어린아이를 육아하는 동안 몇 번의 힘든 고비가 찾아오는데요. 아마도 아이가 기어다니다가 앉고 이후 걷기 시작하면서 여기저기 돌아다니는 시기도 그 고비가 아닌가 싶습니다. 엄마는 아이가 호기심에 이것저것 만지다가 다칠까 봐 쫓아다니며 못 만지게 하고 보호하느라 정신이 없습니다.

마음대로 하고 싶은 아이와 엄마 사이에 서로 통제권을 누가 쥐느냐를 놓고 기싸움을 하게 되는 시기이기도 한데요. 이는 부모와 자녀 간에 자연스럽게 일어나는 상호작용이고, 아이가 성장하는 과정에서 겪게 되는 일 중 하나입니다. 아이의 발달에 맞춰 엄마는 아이와 적당히 균형을 맞추며 상호작용해야 하는데요. 균형을 맞추려면 아이의 감정 상태와 변화를 잘 읽고 있어야 합니다. 아이 감정에 휘둘리는 게 아니라 엄마가 중심을 잡고 아이를 아주 잘 파악하고 있어야 해요. 당연히 무척 힘든 일입니다. 아이의 행동을 잘 관찰하고 이면에 있는 감정을 섬세하게 고려해야 하거든요. 그런데 대부분의 엄마는 그러기는커녕 오히려 아이의 자율성과 친밀감을 훼손시켜가며 쉽게 아이를 제어하려고 합니다.

'자율성이 훼손되어 내 맘대로 못하는 삶'이란 어떤 느낌일까요? 한번 상상해보세요. 아이가 그런 느낌을 받으면 자신을 별 볼일 없는 사람이라고 생각하게 됩니다. 그 느낌이 수치심까지 이어지는 거예요. 이 아이는 어른이 되어서도 수치심이 핵심 감정으로 남아 있습니다.

독립 욕구를 무시당하면 수치심(가치 없는 존재가 된 것 같고 부끄러운 느낌)이, 의존 욕구가 채워지지 않으면 불안(무리로부터 떨어져나가고 소외될까 봐 두렵고 공포스러운 마음)이 핵심 감정으로 형성될 수 있습니다. 뒤에서 설명드리겠지만 이 두 가지가 공부정서에서 큰 축을 차지합니다. 양육 환경에서 이런 정서를 헤아리지 못하면 표면적으로는 습관이 잘 잡히는 것처럼 보여도 상처받은 아이의 정서는 해결되지 못한 채 오래도록 남아 있습니다. 그러다 독립적이고 주도적인 사람으로 성장하지 못하고, 자신의 잠재성을 발휘하지 못하고 자기가 원하는 진로를 향해서 나아가지 못하게 될 수 있습니다.

이 이야기를 들으면서 자신의 성장 과정을 떠올리는 분들도 있으실 거예요. 누군가에게는 이것이 육아의 가장 큰 고충이 되고 가장 큰 스트레스가 됩니다. 아이를 키우다 보면 내 과거가 자꾸 연상이 되고 내가 마음 깊이 묻어두었던 수치심, 공포, 불안이 올라오기도 하거든요. 무척 힘들다는 것을 저는 잘 압니다. 그런데 힘들다고 이 감정을 그냥 자꾸 외면하면 나도 모르는 사이에 감정이 쌓여 짓눌려 있다가 결국에는 터지고 맙니다. 폭발하듯 강압적인 행동을 하게 되고, 그 감정을 그대로 아이한테 대물림하게 됩니다.

엄마가 먼저 자신의 부정적인 감정을 잘 해결해야 하고 균형을 찾아야 해요. 영점 조절이 된 저울처럼 어디로도 치우치지 않은 상태에 있어야 객관적으로 균형감 있게 아이를 잘 키울 수 있어요. 말이 쉽지 어려운 과정이라는 것도 너무나 잘 압니다. 하지만 어렵다고 해서 이 부분을 포기해버리거나 소홀하게 여기지 마세요. 최대한 엄마가 할 수 있는 데까지 고민해보고 행동하는 게 중요합니다.

제가 공부정서 이야기를 하다가 양육 태도에 대한 말씀을 드렸는데요. 왜 그랬을까요? 다 이어지기 때문입니다. 공부를 시키는 것도 아이에게 습관 교육을 시키는 상황과 똑같아요. 결국에는 기 싸움이에요. 아이의 자율성이 점점 커지고 독립적으로 자기가 하고 싶은 게 생기면 엄마는 아이의 감정에 맞춰서 선을 잘 정해주고 그 선을 왔다 갔다 하면서 정서를 공유해줘야 합니다. 그런데 그게 절대 쉽지 않습니다. 하다 보면 엄마도 힘들어지고 스트레스를 받기 때문에 아이의 자율성을 훼손하며 강압적으로 행동하고 아이를 통제하는 데 온 힘을 쓰게 되는데요. 그러다 공부정서가 망가지고 맙니다.

공부정서가 망가질 때
나타나는 증상

저는 대치동에서 11년째 진료를 하고 있습니다. 대치동이 학원가이다 보니 진료실에서 초등학생이나 중학생 등 청소년을 자주 봅니다. 그런데 표면적으로는 학업 스트레스 때문에 힘들어서 저를 찾았는데 상담을 해보니 결국 정서 훼손에 원인이 있는 경우가 많았습니다. 어렸을 때부터 정서 문제가 조금씩 차곡차곡 쌓였다가 나중에 터진 것이죠. 문제는 쌓인 감정들이 터지는 시점이 가장 열심히 공부해야 할 중고등학생 시기라는 것입니다. 조금 늦게 나타난다면 20대 초중반인데 그 시기 역시 인생에서 매우 중요하죠. 대학 공부를 하든 취업 준비를 하든 사회생활을 하든 독립적으로 인생을 계획하고 꾸려나가기 시작하는 때인데, 이 중요한 시기에 쌓였던 감정이 폭발해버리는 거죠. 이처럼 공부정서가 망가지면 어떤 증상이 나타나는지 설명드리겠습니다.

✦ 강박사고

공부할 때 찾아오는 강박은 대개 이런 모습입니다. 너무 세세한 것에 집착해서 진도를 못 나가는 거예요. 예를 들어 교과서 1단원을 읽고 공부했으면 2단원으로 넘어가야 하는데, 2단원을 펼쳤더니 1단원이 생각이 안 납니다. 뭔가 놓친 것 같고 불안하고 찝찝해요. 당연히 100% 기억할 수 없는데도 불구하고 완벽하게 기억하지 않은 상태에서 2단원을 공부하면 제대로 안 될 것 같은 불안이 엄습합니다. 그래서 다시 1단원을 봅니다. 스스로 충분하다고 생각할 때까지 이 과정을 반복해요. 그러다 보면 진도를 나갈 수가 없습니다. 많은 시간을 허비하고 나면 마음은 더 불안해집니다. 몸은 지치고 공부는 더 안 되는 악순환에 빠지고 맙니다.

'강박사고'는 어떤 것에 꽂히는 생각을 말합니다. 어떤 생각이나 느낌이 지속적으로 침범하듯 나타나서 불안이나 고통을 일으키는 겁니다. '내가 공부한 것이 부족하지 않나?' 하는 생각에 꽂히기도 하고, 아까 친구한테 했던 말이 갑자기 생각나서 '친구가 어떻게 받아들였을까? 혹시 이상하게 생각하는 건 아닐까?' 하며 찝찝해하고 의심하며 상상의 날개를 펼치기도 합니다.

누구든 잠깐 다른 생각에 꽂힐 수 있지만, 강박사고는 꽂혔던 생각을 멈추고 다시 돌아오기가 어렵다는 점이 특징입니다. 왜 이런 현상이 나타날까요?

안정적인 정서를 형성하려면 내 감정을 상대방과 주고받고 상호작용하면서 잘 다룰 줄 알아야 합니다. 그런데 부모 등 가까운 사람과 감정에 대해 상호작용할 기회가 부족해 자기 감정을 잘 다스릴 수 없게 된 상태로 성장을 하다 보면 자신의 감정을 반복적으로 억압하게 됩니다. 아이가 자신의 감정을 잘 모르겠는데 마주하게 될 때마다 너무 괴로우니 감정을 억압하는 수밖에 없는 것이죠. 자신의 어떤 감정을 외면하고 덮고 보지 않으려고 하는 것도 다 억압입니다. 그리고 억압을 하는 굉장히 효율적인 방법 중 하나가 강박이에요.

사람의 마음을 크게 나누면 생각과 감정이라고 할 수 있습니다. 부정적인 감정이 막 올라오고 어떻게 할지 모르겠고 처리도 못하겠고 조절도 못할 것 같은 느낌이 들 때 이것을 가장 효율적으로 조절할 수 있는 방법은 반대쪽에 있는 '생각'을 이용하는 것입니다. 생각과 감정은 동시에 일어나기가 힘들기 때문에 생각에 집중하면 감정은 덜 작동합니다. 그래서 무슨 생각이든 끊임없이 하면서 계속 그쪽으로 집중시키면 부정적인 감정으로부터 점점 벗어나는 느낌을 받아요. 그러면 그 순간만큼은 마음이 편해지겠죠.

그런데 문제는 생각에 '꽂히는' 거예요. 그리고 이게 자신의 감정을 외면하는 행동이기 때문에 처음에는 감정을 외면하기 위해서 생각에 몰입했는데 나중에는 주객이 전도되어서 생각에 몰입하고 있지 않으면 불안해집니다. 평온한 순간 자체를 못 견뎌요. 왠지 불안해지고 찝찝해지고 그래서 또 생각에 몰입합니다. 이 과정을 통해 강박이 만들어지는데, 공부할 때 이 과정이 일어나면 공부를 할 수가 없습니다. 자꾸 세세한 것에만 집착하는 바람에 다음 진도를 나갈 수가 없습니다.

　강박사고는 어린아이들에게도 흔하게 나타납니다. 강박증 때문에 고생하고 있는 초등학교 저학년 아이들도 종종 진료실에서 만납니다.

　"아이가 강박이 생긴 것 같아요. 집에서는 자기가 지나온 데를 닦고 밖에서는 걸어갈 때 계속 돌아봐요."

　사람들마다 모두 소소한 강박은 가지고 있어요. 그런데 강박 때문에 어떤 생각이나 행동에 너무 꽂혀서 결국 아이가 해야 하는 걸 못한다면 심각한 수준이고 질환을 의심해봐야 할 겁니다. 친구와 놀든 공부를 하든 평소에 하던 일을 해야 하는데 못하는 거죠. 게다가 강박이라는 게 생각보다 에너지가 많이 소모됩니다. 한번 꽂힌 행동을 하고 생각을 하는 데 에너지를 다 써버리니 무기력해지고 우울해져요. 뇌가 쓰는 에너지가 신체 전체 에너지의 20%라는 사실은 이제 많이들 알고 계실 텐데요. 에너지가 부족하니 머리도 잘 안 돌아가고 숙제를 하기가 힘들어집니다.

아이의 상태가 걱정되는 수준이라면 분명히 전문가의 평가와 치료를 받아보시길 권합니다. 강박증은 치료가 잘 되는 질환 중 하나예요. 빠른 치료를 받아야 아이도 덜 힘들어합니다. 강박증은 개인의 의지로 자연스럽게 치료되기는 어려워요. 굉장히 오래 지속되고 증상도 점점 더 심해집니다. 무엇보다 큰 문제는 그 사이에 아이의 자존감이 낮아진다는 겁니다. '나는 스스로 조절이 안 되는구나.' 하며 자꾸 좌절하게 돼요. 치료가 잘 되면 자존감도 다시 회복되죠. 그러면 '내가 의지가 부족했던 게 아니라 많이 힘들었던 거구나.' 하고 자신을 이해하게 되는데요. 이건 어른에게도 마찬가지로 적용됩니다.

한 초등학생의 사례가 생각납니다. 어려서부터 착하고 학교생활도 모범적으로 잘하고 공부도 잘해 소위 '잘 나가는' 영어학원에서도 높은 레벨의 반을 유지하던 아이가 3개월 전부터 집에서 점차 짜증이 늘더니, 학원 숙제만 시키려 하면 못하겠다며 떼를 쓰고 울고 최근에는 너무 답답해서 죽고 싶다는 이야기까지 했다며 놀란 엄마와 함께 내원했습니다. 아이가 최근 두드러진 우울증 증상을 보인 것은 초기 면담 때 파악이 되었습니다. 그런데 심리

평가와 정기적인 면담을 통해 구체적으로 알아보니, 그 전에 이미 반년 이상 강박사고와 행동으로 혼자 힘들어하고 있었고 그러다 우울증으로 이어졌던 것이었습니다.

갑자기 누군가가 집에 찾아와 가족들을 해칠 것 같은 상상이 한 번 시작되면 벗어나기 힘들었고, 시계의 초침과 분침이 만나는 것을 확인하느라 하루에도 수십번씩 시계를 봐야 했으며, 아파트 출입문에 사람이 지나가는 것을 특정 숫자만큼 확인한 후에야 지나갈 수 있었습니다. 그 이외에도 수많은 강박 증상들로 머리가 늘 복잡하고 몸이 지쳐 일상생활에 지장이 큰 상태였습니다. 그 상태에서 고도의 집중력과 안정적인 감정 상태가 필요한 공부는 매우 큰 스트레스였고 엄마와의 관계만 악화가 되었고 그것 자체가 또 불안을 높이는 식으로 악순환된 것이죠. 다행히 약물 치료와 놀이 치료, 부모 교육을 통해 수개월 후 증상이 호전되어 평상시 상태로 돌아갈 수 있었습니다.

치료 과정에서 알게 된 것은, 엄마의 말대로 겉으로는 성실한 모범생처럼 보이던 아이의 내면에는 부정적인 정서가 있었다는 것입니다. 사실 아이는 어려서부터 불성실한 오빠로 인해 스트레스를 받는 엄마를 보며 마음이 늘 불안했고 그 감정을 다스리려고 성실함을 택했습니다. 엄마는 아이가 오빠에 비해 무던한 줄 알았기에 오히려 섬세하게 정서를 헤아리지 못했던 것인데, 사실 그 아이도 여리고 불안한 아이였습니다. 때로는 숙제하기 싫고 불성실하고 싶고 가족 분위기가 원망스러웠는데 그렇게 자연스럽게 드는 마음을 엄마에게 말하기 어려웠고 그때그때 마음속에서 처리하지 못했던 것입니다.

✦ 번아웃과 우울

번아웃이란 한 가지 일에 몰두하던 사람이 극도의 피로감으로 인해 의욕과 동기를 완전히 상실하고, 자존감이 낮아지고, 무기력증, 심한 불안감, 자기혐오 등에 빠지는 것을 말합니다. 몸과 마음이 지치고 에너지는 바닥 상태입니다.

그런데 왜 번아웃이 되는 걸까요? 단순히 공부를 너무 많이 했다거나 일을 너무 많이 했다고 번아웃되는 게 아닙니다. 바로 감정을 효율적으로 처리하지 못해서 발생합니다. 반복되는 불편한 감정을 억지로 통제하려다가 오히려 특정한 생각이나 행동, 기분, 감각에 더 집착하게 되어 역설적으로 강박사고가 만들어지는 과정과 유사합니다.

부정적인 정서가 마구 쌓이는데 이걸 어떻게 처리해야 하는지 몰라서 괴로워하기만 하는 사람이 많습니다. 감정이 힘들 땐 어떻게 해야 하는지 배운 적도 없으니 어찌할 바를 모르다가 외면해버리는 건데요. 일단 외면하면 부정적인 감정이 사라진 것 같은 기분이 들겠지만 무의식은 그 해결되지 않은 부정적인 감정을 계속 붙들고 있게 됩니다.

사람이 불안, 분노, 좌절, 슬픔 등의 감정을 표현하지 않고 내부에 쌓아두고 억제하면 어떻게 될까요? 시간이 지남에 따라 이러한 감정 억압은 에너지 소진으로 이어집니다. 비록 무의식적인 과정이더라도 감정을 억압하는 상태는 엄청난 정신적·신체적 에너지를 필요로 하거든요. 결국 일이나 일상생활에 대한 흥미를 잃고, 피곤하고, 짜증나고, 무기력해지는 번아웃 증상이 나타나는 거예요.

　공부든 하고 싶은 것이든 뭔가를 하는 데 힘써야 하는데 이 감정과 씨름하느라 자기도 모르게 에너지가 줄줄 새고 있었던 겁니다. 순간순간의 다양한 감정을 처리하지 못하는 상황이 계속되면 무의식적으로 그 감정을 붙들고 있느라 힘이 들어가고 그 때문에 에너지가 소비됩니다. 신체적으로도 정신적으로도 힘이 빠지니 당연히 공부에 집중할 에너지가 남아 있지 않게 되는 것이죠.

　우울증도 그 연장선에 있습니다. 번아웃이 에너지가 많이 소진된 상태라면 우울증은 아예 방전에 가까운 상태입니다. 우울증은 자발적으로는 해결할 수 없고, 반드시 치료를 받아야 하는 상태입니다. 불안장애도 마찬가지예요. 불안장애는 불안이라는 감정을 스스로 조절하지 못하게 되는 극단의 상태입니다. 공황장애도 불안장애의 하나이고요. 범불안장애라는 것은 매사에 너무 걱정이 많은 걸 말해요. 다양한 상황을 생각하며 늘 걱정합니다. 예를 들어 헬스장에서 운동하다가도 '헬스장에 불나면 어떡하지? 천장이 무너지면 어쩌지?' 이런 상상을 하고 걱정을 하는 것입니다. 항상 걱정을 하면서 감정 소모를 하고 그러면 또 에너지가 빠지죠.

아이가 이러한 감정 상태에 있을 때의 문제점은 너무 괴롭고 고통스러운 것뿐 아니라 지금 해야 하는 걸 하지 못한다는 것입니다. 그래서 중고등학생 때 번아웃이나 우울증이 찾아오면 공부를 할 수가 없어요. 집중력이 떨어지고 기억력도 저하되고 의욕도 안 생기고 건강도 나빠지니 성적이 뚝뚝 떨어질 수밖에 없죠.

어른들 중에도 번아웃이나 강박을 경험하는 분들이 많아요. 강박은 누구나 경험할 수 있고 스트레스 상황에서 찾아옵니다. 스트레스 상황에서 강박이 찾아오는 이유 역시 감정을 처리하지 못했기 때문이에요. 스스로 이 감정을 어떻게 할 수가 없으니 감정을 외면하는 수단으로 다른 생각에 꽂히는 걸 선택한 거죠. 그런데 이 상태가 너무 지속되거나 범위가 넓어지면 악순환이 일어나고 주객이 전도되고 강박장애가 되어서 일상에 지장이 생기게 됩니다.

◆ 청소년기의 공부정서

요즘은 초등학교부터 본격적으로 공부를 시작하기도 하지만 공부가 가장 중요한 시기는 사춘기, 즉 중고등학생 시기입니다. 공부정서가 잘 갖춰졌느냐 아니냐가 성적에 큰 영향을 주기 때문에 청소년기 아이들의 마음을 잘 이해해줘야 합니다.

청소년기에 공부정서와 관련되어 나타나는 흔한 부작용은 우울증, 불안장애, 번아웃, 강박증 등도 나타날 수 있지만 특히 청소년기는 성격이 크게 발달하는 중요한 시기이기 때문에 공부정서가 망가졌을 때 조금 다른 특징을 보입니다.

아이가 자라고 청소년기가 되면 독립성을 추구하며 자립적으로 행동하려는 욕구가 커집니다. 독립 욕구가 커지죠. 그렇다면 의존 욕구, 즉 부모를 의지하는 마음은 어떨까요? 자유로워지고 싶어 하니 부모는 더 이상 의지하지 않으려 할까요?

사실은 이 부분이 사춘기 아이를 둔 엄마의 제일 큰 어려움이에요. 아이가 자기 좀 내버려두라고 해서 "그래, 네 맘대로 해라." 하고 놔두면 자신을 소홀히 한다며 실망합니다. 어느 날은 또 이럽니다.

"다른 친구 엄마들은 학원도 알아봐주고 성적도 체크하던데 엄마는 왜 날 이렇게 방치해?"

이러니 어느 장단에 춤을 춰야 할지 모르겠다며 고민하는 엄마들이 많아요. 아이가 초등학교에 입학해서 학부모가 되면 저학년 때부터 공부를 시켜야 할지, 아직 어린데 벌써부터 학원을 돌리는 게 맞는지 고민이 많아집니다. 저에게도 어떻게 하는 게 좋은지 물어보십니다. 그리고 한편에서는 이런 이야기가 들립니다. 저학년 때는 여러 가지 체험 활동을 시키느라 공부는 크게 신경 쓰지 않았더니 아이가 초등학교 고학년이 되고 중학교에 들어가더니 엄마를 원망하더라는 겁니다.

"왜 나를 내버려뒀어? 다른 친구들 엄마처럼 왜 미리 공부를 챙겨주고 이끌어주지 않았어?"

아이가 대체 뭘 원하는 건지, 어떻게 맞춰줘야 할지 몰라서 당황하는 경우가 많은데요. 사람은 누구나 양가 감정을 가지고 있습니다. 특히 청소년기에는 더 하고요. 독립 욕구가 점점 커지지만 의존 욕구도 동시에 갖고 있어요. 자유롭고 싶으면서도 관심과 지원을 원하는 거죠. 의존 욕구가 점차 줄어들긴 하겠지만 결정적인 순간에 아이는 자기가 믿고 싶은 사람을 의지하며 나의 이 어려움과 힘듦을 공유하고 싶고 내 편이 있음을 확인하고 싶어져요. 이런 본능이 왔다 갔다 합니다. 그게 사춘기입니다.

아이가 상반된 본능 사이에서 왔다 갔다 할 때 엄마는 그 정서의 흐름을 잘 따라가야 하는데 아이의 감정적 신호나 행동 변화를 인지하지 못하거나 무시하면 여러 문제들이 생깁니다. 청소년기는 아이에게 정체성에 대한 고민이 생기며 자율성이 점점 커지고 자기 뜻대로 하고 싶은 게 점점 커지는 시기입니다. 공부를 하더라도 내가 원하는 방향으로 하고, 학원도 과외 선생님도 내가 결정하며, 나만의 계획을 세우고 싶다는 마음이 생길 수 있습니다. 현실적으로 바람직하든 그렇지 않든 상관없이 자기 방식으로 하고 싶어 합니다. 삶의 경험치가 많은 엄마의 입장에서는 그게 정말 미숙해 보일 거예요. 하지만 아이는 어쨌든 자기 마음에 원하는 뭔가가 있어요.

"그거 아니야. 이렇게 해야 돼. 너는 그 모양, 그 꼴이니까 안 돼. 성공하려면 엄마 말 들어야 돼."

그때 엄마가 공포를 조장하고 협박하고 다른 아이와 비교하고 인격적으로 비난하고 모독하면서 통제하려고 하면 아이는 어떻게 될까요? 계속 자기 뜻대로 밀고 나갈 것인지, 마음에 안 들어도 엄마 말을 따를 것인지 갈등하게 됩니다. 경제적으로도 부모님에게 의존해야 하고 아직은 부모님이 필요한 거 아니까 더 고민을 하게 됩니다. 이런 내면의 갈등이 계속되면 결국 극과 극의 상황이 펼쳐집니다.

✦ 수동 공격성

아이가 고민을 하면서 나름대로 타협을 하는 방식 중 하나는 직접적으로 공격을 하거나 대립하지 않고 간접적이고 소극적인 방식으로 불만이나 적대감을 표현하는 행동을 하는 겁니다. 분노,

불만, 좌절감 등을 숨기고 갈등을 피하려는 행동 패턴이죠. 공부로 치면 책상에 앉아만 있는 거예요. 뭔가 반항하고 싶은데 적극적으로 하지 못하니 소극적으로 하는 거예요. 이러한 소극적 반항을 전문용어로 '수동 공격성 passive aggression'이라고 합니다.

"너 숙제했어, 안 했어? 빨리 숙제해!"
"네, 알겠어요."

그러고나서 책상 앞에 앉아요. 그런데 막상 숙제를 하자니 엄마 말을 듣는 것 같아서 자존심 상해요. 내 자율성이 훼손되는 것 같아서 괴롭고 부끄러워요. 겉으로는 말을 듣지만 속으로는 말을 안 듣는 거죠. 그래서 책상에 앉아서 딴짓을 합니다. 만화책을 볼 수도 있고 게임을 할 수도 있고 또 그냥 다른 생각을 할 수도 있어요. 이건 의식적인 게 아니고 무의식적인 거라서 아이에게 "너 왜 하라는 숙제는 안 하고 딴생각해?" 이렇게 탓한다고 문제가 해결되지 않습니다. 자기도 모르게 그렇게 할 수밖에 없는 심리적 구도가 이미 형성되어버렸거든요. 이는 아이가 공부를 못하는 이유 중 하나이기도 합니다. 공부는 남에게 보이기 위해서 하는 게 아니라는 걸 자신도 알아요. 아는데도 불구하고 점점 커가면서 남에게 보이기 위한 공부를 하는 것 같은 느낌을 받는 아이들이 많습니다.

왜 이런 수동 공격성이 나타나게 되었을까요? 가장 큰 원인은 엄마의 간섭과 통제입니다. 엄마가 너무 심하게 일일이 통제하고 있기 때문이에요.

　자기가 하고 싶은 대로 하지 못하게 된 아이의 마음속에서는 자율성이 훼손됐다는 느낌에 수치심과 함께 분노가 일어나요. 그래서 공격하고 싶어집니다. 그런데 대놓고 공격하다가는 더 혼날 것 같다거나, 집안 분위기가 너무 험악해질 것 같다거나, 지금 집안 상황이 안 좋은데 나까지 부모님을 힘들게 하면 안 되겠다고 생각해서 참기로 합니다. 그냥 나의 분노만 숨기면 겉으로는 평화로워 보일 테니까요. 하지만 속으로는 반항을 하고 있는 겁니다.

　이런 수동 공격성은 아이의 성격에 평생 자리 잡게 될 수도 있습니다. 성인이 되어 직장에 가서도 똑같은 패턴으로 반응하게 되는 거예요. 권위적으로 행동하는 상사를 보면 무의식적으로 부모와 똑같이 여기게 됩니다. 그래서 그 상사가 일을 시키면 무조건 싫고 거부감부터 듭니다.

"김 대리, 상품 기획안 작성해서 내일 오후 2시까지 제출하도록 해. 마감 기한 잘 지키고."

'어휴, 맨날 나한테만 일 시키고 잔소리만 해.'

　회사니까 당연히 일을 시키는 것이고 미숙하니 조언하는 건데 말이죠. 처음엔 직급이 낮으니 시키는 일을 억지로라도 하는데 나중에 관리자가 되어도 이런 수동 공격성은 바뀌지 않아요. 해야 하는 일을 하기 싫어서 "네." 하고 안 해요. 다그치면 또 대답하고 안 합니다. 회사에서도 겉으로는 평화, 속으로는 반항인 상태인 거죠. 마감 기한이 다 됐는데도 기획안을 완성하지 못해서 제출을 못합니다. 상사는 화가 날 수밖에 없으니 질책을 할 겁니다. 그러면 마음속에서는 또 분노가 올라오고, '역시 상사는 나쁜 놈'이라고 생각하며 또 반항합니다. 이런 악순환이 계속되는 것이죠. 수동 공격성 행동 패턴은 임기응변으로 심리적 갈등을 피하려는 시도이지만 결국에는 상황을 악화시킬 수 있습니다.

✦ 적극적인 반항

소극적인 반항과는 반대로 적극적인 반항을 하는 아이도 당연히 있습니다. 노골적인 불순종, 수업 거부, 등교 거부, 물건을 던지거나 방문을 쾅 닫는 등 부정적인 행동 표현, 일부러 시험을 망쳐버리는 의도적인 실패 등이 적극적 반항의 예입니다. 엄마의 말은 안 듣고 불만이나 저항을 적극적으로 드러내며 공격적으로 행동하고 공부는 아예 안 합니다.

"나는 공부 안 할 거야."

"숙제도 안 할 거야."

"내 인생이니까 내가 알아서 할 거야. 이래라 저래라 강요하지

마.”

“굳이 열심히 잘할 필요도 없어. 일부러 시험 망칠 거야.”

자신의 자율성을 찾아서 아예 통제감을 벗어나는 그 느낌을 좇는 거예요.

“부모 다 필요 없어. 가족 다 필요 없어. 경제적으로 독립하면 난 나갈 거야.”

의존 욕구, 친밀 욕구도 사람한테 매우 중요한 욕구인데 적극적으로 반항하는 아이는 그저 이렇게만 생각하게 됩니다.

“나는 자유를 찾아서 그냥 집을 나갈 거야.”

사춘기 시절의 일시적 반항 행동 자체는 자연스럽고 성인기에 더 자율적이고 독립적인 성격을 만들어줄 수 있습니다. 하지만 이 시기에 부모의 더 엄격한 통제로 인해 적극적 반항이 지속되면 성인이 되어서까지 성격 특성으로 자리 잡습니다. 약간의 통제도 못 견디고 과도하게 자유로움을 추구하느라 직업이나 대인관계 측면에서 매우 제한되는 어려움을 겪게 됩니다. 통제를 벗어나려는 행동에 몰두하느라 오히려 자신의 삶이 더욱 통제되는 것이죠.

✦ 의존적 성격

소극적이든 적극적이든 반항이라는 행동과는 정반대의 행동도 있어요. 이게 매우 속기 쉬운 함정인데요. 많은 엄마들이 이렇게 말하곤 합니다.

"우리 아이는 착하고 성실해서 부모 말도 잘 듣고 사춘기 없이 잘 지나갔어요. 성적도 늘 좋아서 원하는 대학에 갔어요."

그런데 이렇게 착하고 성실한 아이들 중에서 지나치게 의존적인 성격을 갖게 되는 사례도 흔합니다. 사춘기에 부모와의 기싸움에 들어갔다가 갈등 과정을 겪으면 아이는 여러 가지 생각을 하게 됩니다.

'아, 내가 좀 반항도 해봤는데 안 되겠어. 오히려 내가 손해 보는 게 많은 것 같아. 반항했더니 더 심하게 혼나고 용돈도 못 받게 되고 말이야. 상황도 더 나빠지고, 감정도 더 불안해지고 괴로워.'

이때 그냥 타협하기로 마음을 먹습니다. 중요한 욕구인 독립 욕구, 즉 자율성을 스스로 포기하고 의존성, 친밀감, 유대감에만 집중하는 거예요.

'이번 생은 글렀다. 다음 생에나 내 자율성을 찾고 이번 생은 부모님이 원하는 삶을 산다.'

이런 생각이 '대학 갈 때까지만 부모님 뜻대로 살고 그 이후에 내 맘대로 살아야지.'처럼 바뀌기도 하지만 그렇게 안 되는 경우가 많습니다. 한번 이런 생각이 굳어지면 성인이 되어도 계속 갑니다. 그래서 청소년기에는 공부도 잘하고 성적도 잘 올리고 좋은 대학에 합격했는데 진짜 문제가 나중에 터지고 맙니다.

✦ 늦은 사춘기

사춘기가 차라리 10대 때 제대로 오면 좋은데 20대, 30대, 정말 늦게 오면 40대에 오기도 합니다. 사춘기가 아니라 '오춘기'라느니 하며 농담의 소재로 이야기하지만 실제 이 문제로 진료실을 찾는 분들이 많습니다. 〈스카이캐슬〉이라는 드라마를 아시나요? 그 드라마에서 정준호 씨가 연기했던 대학병원 의사 캐릭터는 50대에 늦은 사춘기가 왔죠. "강준상이 없잖아, 강준상이! 내가 누군질 모르겠다고. 여태 병원장, 그 목표 하나만 보고 살아왔는데… 내가 누군지를 모르겠어." 이런 대사가 인상적이었습니다. 결혼도 직업도 모두 부모의 뜻을 따라서 내 삶이 없었다며 이제부터라도 자신의 삶을 살겠다고 말합니다. 뒤늦게 사춘기가 오면서 자기 정체성에 대한 혼란을 겪었던 거죠.

그래서 표면에 드러난 아이의 행동만 보고 안심하거나 반대로 걱정만 해서도 안 됩니다. 행동 이면에 있는 정서적인 흐름, 그 긴 흐름을 잘 보고 엄마가 옆에서 꾸준히 함께해줘야 합니다.

아이에게 긍정적인 정서를 심어주는 역할을 하라는 말씀이 아닙니다. 어떤 정서를 '심어줘야' 한다고 생각하는 것, 내가 뭔가 해줘야 한다고 생각하는 습관 자체를 버리셔야 합니다. 부모의 역할은 그게 아닙니다. 부모가 할 일은 아이가 어떤 행동을 할 때마다 아이가 이미 가지고 있는 정서를 잘 이해해주는 겁니다.

아이가 커갈수록 엄마로서 통제할 수 없는 부분은 너무나 많아집니다. 아이가 초등학생만 돼도 학교에 있는 시간이 많아지죠. 엄마가 해주는 말보다 선생님한테 듣는 이야기나 친구들한테 듣는 이야기가 훨씬 더 많다는 거 아실 겁니다. 그로 인해 긍정적인 느낌을 받을 수도 있고 부정적인 느낌을 받을 수도 있고 다양한 감정을 경험하게 될 겁니다. 엄마가 해줄 역할은 수용하는 마음으로 아이의 감정 경험을 같이 공유하는 것입니다. 이때 아이는 '엄마가 내 편이구나. 나를 사랑해주고 지지해주는 존재가 있구나. 유대감을 느낄 수 있는 사람이 있구나.'라는 느낌을 받습니다. 아이의 의존과 친밀의 욕구가 충족되고 동시에 자유와 독립의 욕구가 충족될 수 있도록 이 두 가지를 함께 경험하게 해주는 것, 그게 정서적인 안정감을 제공해주는 엄마의 가장 중요한 역할입니다.

"저는 자라면서 엄격, 통제, 공포, 비난, 무시, 방치의 양육을 받았던 거 같아요. 그래서 지금 아이들에게는 최대한 잘 하려고 하는데 불쑥불쑥 그런 모습이 나오네요."

모든 엄마들의 어려움인 것 같습니다. 내가 겪었던 고통은 절대 아이가 안 겪도록 아이한테 잘하고 싶은데 나도 모르게 그렇게 되죠. 그래서 아이의 정서적인 부분을 특히나 더 잘 조절해줘야 합니다. '어떻게 하면 정서를 잘 조절해줄 것인가?' 하는 것도 모든 부모의 고민일 겁니다. 아이의 충동을 잘 조절해서 게임도 좀 안 하게 하고 자기 관리도 잘하게 해서 공부도 꾸준하게 하도록 도와주고 싶을 거예요. 그런데 정서 조절 능력은 아이가 성장하면서 같이 발달합니다. 뇌가 자라면서 이성적으로 제어할 수 있게 돼요. 이런 조절 능력과 관련된 뇌의 영역은 20대 초중반까지 계속 자랍니다. 아직 갈 길이 멀어요.

또 다른 방법은 아이의 정서 자체를 조절하는 거예요. 쉽게 말해, 아이 스스로 자신의 정서를 평상시에 잘 이해하고 읽고 소통하고 익숙해지면 어떤 정서가 찾아와도 지나치게 몰입되지 않고 감정에 좌지우지되지 않고 자연스럽게 조절할 수 있게 돼요. 엄마들은 대개 부정적인 정서에 대해서 걱정하는데요. 그것을 빨리 억압해서 없애려고 하는 게 아니라 이 정서를 아이가 있는 그대로 잘 받아들이고 이해하고 수용하는 식으로 해소해야 합니다. 그 방법으로 가장 중요한 것은 자신을 믿어주는 사람한테 표현하고 수용받는 것입니다. 그런 경험을 많이 해봐야 앞으로 살면서 찾아올 수많은 다양한 정서들을 아이가 스스로 조절할 수 있는 힘이 생겨요. 그리고 이러한 관점에서 봤을 때 매우 중요한 게 부모의 역할입니다. 정서 조절은 관계적인 욕구인 의존 욕구가 잘 충족되었을 때 잘 되거든요.

"나에게는 든든한 내 편이 있어. 우리 부모님은 내 편이야."

아이에게 이런 생각이 확고하게 있으면 있을수록 부정적인 정서에 압도되지 않아요. 그리고 아이가 스스로 정서를 조절하게 되면서 선순환이 되죠. '나 이거 되는구나.' 하면서 자신감을 가지고 내가 할 일을 더 할 수 있게 됩니다.

내적 동기를 일으키는 요인

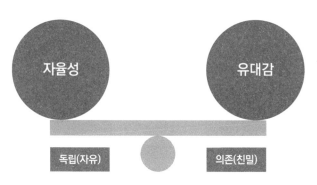

〈자기주도학습(내적 동기)〉

아마도 부모라면 누구나 나의 아이가 스스로 알아서 공부하기를 바랄 겁니다. 몇 점 받으면 선물 사준다는 약속 없이도, 매번 숙제 했냐고 체크하는 잔소리 없이도, 게임 계속하면 핸드폰 압수한다는 협박 없이도 스스로 공부를 계획하고 실행하는 아이 말입니다. 내적인 동기를 가지고 자기 자신을 위해서, 자기가 주도해서 학습하는 아이로 키우고 싶은 건 모든 학부모의 꿈입니다. 저도 학부모로서 당연히 그런 꿈이 있습니다.

희망적인 말씀을 드리자면, 자기주도적인 아이, 스스로 해내는 아이로 키우는 것은 꿈이 아니라 가능한 일입니다. 앞에서 말씀드렸던 내용, 정서적인 안정감을 주기 위해 해야 하는 일은 모든 부모가 원하는 자기주도학습과 이어져요. 내적 동기를 일으키는 가장 중요한 요인 두 가지가 있습니다.

첫 번째는 자율성입니다. '내 인생은 내 맘대로 살 수 있다.'라는 확고한 믿음이 있어야 내가 뭔가 해보고 싶다는 자유 욕구와 뒷받침할 에너지가 생깁니다. 내 맘대로 못 한다는 생각이 있으면 욕구도 안 올라오고 에너지도 안 생겨요.

두 번째는 유대감입니다. '늘 내 편이 있다. 언제 어떤 상황에서든 나를 믿고 지지해주는 사람이 있다.'라는 마음입니다. 이게 바로 친밀 욕구, 즉 유대감입니다. 그런 느낌이 있을 때 심리적 안정감이 생기고 그 바탕 위에 내적인 동기가 생깁니다. 그리고 이런 마음이 드는 것이죠.

'내가 원하는 내 삶을 꾸리고 싶고, 나를 든든하게 지지해주는 사람들이 있는 여건에서 내가 바라는 삶을 살고 싶다. 그래서 지금 뭔가를 열심히 하고 싶다.'

이 두 가지를 놓치지 않았으면 좋겠습니다. 사실 자율성과 유대감이 중요하다는 사실은 모두가 이론적으로 알고는 있을 겁니다. 그런데 오히려 중요하다는 걸 알기 때문에 엄마가 그걸 이용해서 아이의 행동을 유도하게 되기가 쉬운 것 같아요.

아이의 애착 욕구를 충족시켜주고 사랑을 주는 존재, 든든한 버팀목 같은 엄마가 되시기 바랍니다. 또 자율성을 충족시켜주고 아이의 마음을 있는 그대로 존중해주고 인정해주시기 바랍니다. 이 두 가지를 계속하는 게 부모의 가장 중요한 역할이며 그것이 아이의 정서를 안정되게 만듭니다. 안정된 정서는 공부와 밀접한 관련이 있습니다.

✦ 교육의 대원칙

그럼 이제 여러 가지 의문이 생기실 겁니다.

"그러면 어떻게 해야 되나요? 아이의 생각과 행동을 존중하면서 엄마로서 도움도 주려면 어떻게 해야 할까요? 아이가 원하는 대로 내버려둘 수도 없는데…. 아이가 공부를 안 한다고 하면 아이의 자율성을 존중해서 공부 안 시켜야 되나요? 학원에 가기 싫다고 하면 학원을 다 끊어야 되나요? 그게 아이의 편이 되어주는 방법인가요?"

지금부터 정말 중요한 개념을 말씀드리겠습니다. 앞에서는 주로 정서적인 부분에서 엄마가 어떻게 해야 하는지에 대해 설명했습니다. 육아의 대원칙은 엄마가 최대한 아이의 편이 되어주고 100% 이해하고 받아들이려 노력하며 수용해주는 것입니다. 이를 수인적Validating 태도라고 합니다. 아이의 입장에서 그 마음을 수용하고 인정하는 것이죠. 상대의 생각, 감정, 의도 등을 비판하거나 판단하지 않고 그대로 받아들이고 이해하려는 태도를 뜻합니다. 수인적 태도로 아이를 대하는 것은 너무나 중요합니다.

그런데 아이의 행동을 조절해줘야 할 때도 있습니다. 공부도 필요한 만큼은 시켜야 하고 숙제도 시켜야 하고요. 아이에게 학원이 필요하다고 생각이 들면 학원도 보내야 합니다. 사람마다 가치관, 육아관, 교육관 등이 각자 다를 텐데 각자의 기준에서 필요한 행동을 하게 하고 조절할 건 조절해줘야 한다는 것이죠. 수인적 태도와 조절, 이를 동시에 유지해야 합니다.

아이가 서너 살쯤 됐을 무렵, 유아기 때를 생각해보세요. 아이가 떼를 쓴다고 무조건 혼내기만 하지는 않으셨을 거예요. 혼낸다고 알아듣지도 못하니까요. 예를 들어 아이가 공공장소에서 떼쓴다면 우선은 남에게 피해가 가지 않도록 다른 장소로 아이를 데리고 나가서 그렇게 행동하면 안 된다고 확실하게 말해줘야 합니다. 하지만 거기에서 끝나면 안 되고 동시에 이면에 있는 아이의 감정을 꼭 헤아려야 해요. 그 당시에는 정신이 없어서 바로 아이의 마음을 읽어주지 못했다면 나중에라도 그 상황을 복기하면서 아이가 어떤 마음이었는지, 그때 뭘 그렇게 간절히 원해서 감정적으로 화가 나서 떼를 쓴 건지 최대한 아이의 말을 듣고 이해하려는 노력을 해야 해요. 엄마와 아이가 상호작용하며 생각과 감정을 구체적으로 주고받는 것이죠. 어느 상황에서든 이렇게 두 가지를 구분해서 생각하는 게 제일 중요한 육아의 원칙임을 잊지 마세요.

육아의 대원칙, 마음은 완전히 수용하고 행동은 적절히 조절한다.

육아의 대원칙은 교육에서도 마찬가지입니다. 아이가 공부하는 동안 매우 다양한 정서들이 활발하게 작용합니다. 흥미, 호기심, 성취감, 자신감, 즐거움, 친밀감, 만족감, 불안, 실패에 대한 두려움, 좌절감, 지루함, 부담감, 좌절감 등 수없이 많죠. 엄마는 아이가 공부할 때 감정의 변화가 어떠한지 아이의 마음을 최대한 이해하고 그대로 인정하려 노력하고, 행동적인 부분은 바로 잡아줘야 해요.

그런데 이렇게 하기 위해서는 엄청난 에너지가 들어요. 어떤 때는 아이와 기싸움도 해야 하니 화가 나고 힘이 들죠. 이때 기싸움하기 싫어서 엄마가 먼저 아예 공부의 길을 피해버리는 길을 선택하기도 합니다.

"저는 우리나라 교육제도가 잘못되었고 대입을 목표로 하는 경쟁 교육이 틀렸다고 생각해요."

우리나라 공교육에 의문을 던지는 학부모들은 많습니다. 아이가 진정한 공부를 즐기고 즐거운 삶을 살면 좋겠다고 생각할 겁니다. 아이가 아침부터 밤까지 뛰어놀 시간도 없이 학원에 끌려다니고 밤늦게까지 숙제하는 모습을 보고 싶지도 않을 겁니다. 하지만 학원을 안 보낸다고 해서 아이의 삶의 질이 나아지는 건 아닙니다. 결국 학원을 안 보내도 불만족하게 되고 입시 경쟁을 피해 외국으로 가도 불만족하게 되는 사례가 흔합니다. 여유롭게만 보이던 외국에 가도 학구열 높은 집단은 한국과 크게 다르지 않습니다.

근본적인 문제는 갈등을 회피하고 싶은 마음에 있습니다. 이 기싸움, 아이와의 줄다리기가 너무 괴롭고 힘드니까요. 아이를 사랑하지 않는 부모는 없어요. 누구든 사랑하는 아이와의 팽팽한 신경전이라는 괴로움을 경험하기 싫을 겁니다. 하지만 기싸움은 적극적으로 해야 합니다. 아이와의 기싸움을 어쩔 수 없이 겨우 하는 게 아니라 아이의 발달을 위해 반드시 필요하기 때문에 해야 합니다.

아이의 자율성은 그냥 마음대로 하라고 놔둔다고 해서 생기는 게 아니기 때문이에요. 엄마가 끊임없이 아이와 상호작용하고 다양한 정서를 주고받고, 또 행동은 조절하고 바로잡아주는 것이 지속되어야 아이가 스스로 자율성을 느끼며 성숙하게 성장할 수가 있어요.

아이와 갈등을 피하기만 하면 아이와의 관계뿐 아니라 아이의 발달에도 영향을 미칠 수 있어요. 아이가 규칙과 한계를 배우지 못하고 자신의 행동에 대한 책임감도 배우지 못하게 될 겁니다. 부모의 권위는 더 떨어지고요. 아이가 하고 싶은 대로 두면 오히려 정서도 불안정해집니다. 사람은 명확한 경계와 규칙이 있을 때 안정감을 느끼거든요. 이 밖에 수많은 문제들이 나타날 수 있습니다.

다시 한번 강조하지만 아이의 자율성을 만들어주는 과정에서 엄마는 갈등을 외면하거나 피하는 게 아니라 힘들어도 계속 부딪혀야 합니다. 양육도 그렇고 교육도 그렇습니다. 단순히 우리 아이를 공부시키고 공부를 잘하게 하는 것이 목적이 아닙니다. 하나의 인격체로 성장시키기 위해서 공부라는 것은 하나의 도구가 되는 거죠.

아이의 성향마다 유독 더 취약하고 쉽게 자극되는 정서들이 있기 때문에 그것들을 잘 이해하고 그에 맞춰서 어떻게 하면 좋을지, 어떤 대화를 하면 좋을지, 어떤 태도를 보이면 좋을지를 2부에서 하나씩 말씀드리도록 하겠습니다.

아이의 마음을 읽고 이해해야 하는 일이 중요하지만 한편으로는 너무 복잡하고 너무 어려운 느낌, 너무 괴로울 것 같은 느낌도 들 수 있습니다. 저는 늘 경험하지만 심리라는 분야는 원래 어렵고 복잡해요. 아이도 사람이기 때문에 심리가 다 있고요. 엄마도 사람이기 때문에 심리가 있죠. 그 심리와 심리가 서로 상호작용하는 게 굉장히 복잡하고 어렵습니다. 그것이 아이 키우는 일의 가장 큰 고충이라고 생각합니다. 그 어려운 것들을 깊이 생각하면서 잘 풀어보는 게 중요한 것 같습니다. 앞으로 이어질 부분에서는 여러분이 천천히 고민해보실 수 있도록 하나하나 짚어보려고 합니다. 팁을 몇 개 제시하고 이래라저래라 하는 것보다는 스스로 천천히 생각해보고 고민하는 과정을 가질 수 있도록 생각거리를 제공해주고 싶습니다.

저도 학부모로서 하는 고민의 종류는 여러분과 마찬가지입니다. 머리로 알고 있지만 마음으로는 쉽지 않은 육아와 교육의 경험을 저도 늘 하고 있습니다. 부모 역할이나 기싸움에서도 늘 생각이 많습니다. 아이를 사랑하기 때문에 아이의 자율성을 존중해주면서 동시에 조절해주는 힘겨루기의 과정을 포기하지 않고 끝까지 해내시면 좋겠습니다.

2부

좋은
공부정서의
기본 원칙

공부가 중요한 시기를
잘 헤쳐 나가려면

"집에서 아이의 공부를 봐주거나 숙제를 같이 하게 될 때마다 화가 나요. 저는 왜 화가 나는 걸까요? 왜 아이에게 화를 내는 걸까요?"

제가 상담을 할 때 자주 받는 질문입니다. 저도 아이들의 공부를 봐주거나 숙제를 시켜야 할 때는 화가 나고 화를 냅니다. 물론 매일 그런 것은 아니지만 정신과 전문의라고 해서 대단한 묘수가 있는 건 아니거든요. 보통 학부모와 같습니다.

아이의 연령대에 따라 엄마의 마음이 크게 흔들리는 시기가 있습니다. 먼저 아이가 돌에서 두 돌 되었을 때입니다. 갓 태어난 아이를 열심히 먹이고 재우고 돌보다 보면 어느새 걷기 시작합니다. 그런데 이때 행동을 제한하면 떼를 쓰고 말을 안 듣는 행동도 시작되죠. 조그만 아이랑 싸울 수도 없고 엄마의 마음은 화를 삭이느라 부글부글 끓기만 합니다. 이 시기에 엄마들이 많이 힘들어합니다.

그 감정이 어느 정도 소강되고 '좀 살 만하다. 이제 아이랑 말도 통하네. 애도 키울 만하다.'라는 생각이 들면 또 다른 위기가 찾아오는데요. 바로 아이가 초등학교 입학을 앞두고 있을 때입니다. 취학할 때 즈음 '기싸움'의 시기가 오는 거죠. 아이의 머리가 커지고 논리적으로 따지기를 연습하느라 엄마에게 말대꾸를 하고 한마디도 그냥 "네." 하고 넘어가질 않습니다. 애 키우는 것만으로도 힘든데 더욱 파국으로 몰아가는 난관이 바로 '숙제시키고 공부시키는 일'입니다.

절대 엄마 마음대로 안 됩니다. 아이를 공부시킬 때 겪는 분노와 화는 거의 모든 엄마들이 경험합니다. 저는 제 아이를 키우기 전부터 학부모 상담을 해왔기 때문에 간접적인 경험을 많이 했고, 아이들을 키우면서 직접 경험을 한 지도 몇 년 됐는데요. '역시나 가르치는 것은 진짜 쉽지가 않구나.' 하는 생각이 늘 듭니다. 내가 내 자식을 가르치는 일은 특히 더 어려웠습니다. 어린이집 선생님들이 남의 아이들을 돌볼 때는 화가 안 나지만 집에서 내 아이를 내가 돌볼 때 화가 난다고 하죠. 학교 선생님들이 학생을 가르칠 때는 화가 안 나지만 집에서 내가 내 아이를 가르칠 때는 화가 난다고 합니다.

그 이유가 뭘까요? 바로 아이들도 누울 자리를 보고 다리를 뻗기 때문입니다. 엄마가 가르칠 때와 선생님이 가르칠 때는 환경이나 요소가 많이 다릅니다. 긴장도도 다르고 집중도도 다릅니다. 선생님이랑 공부할 때는 곧잘 하는데 엄마랑 하면 하기 싫어하고 기분도 안 좋아 보입니다. 그래서 엄마들은 항상 '이거를 내가 가르치는 게 맞나?' 하는 회의가 들어요. 아이에게 이렇게 하라고 하는데 안 하고, 저렇게 했으면 좋겠는데 아이는 안 해요. 미루고, 짜증만 내고, 그러다 성적이 나쁘게 나오면 엄마한테 뒤집어씌웁니다.

"엄마 때문에 틀렸잖아."

이런 원망은 특히 엄마표 수학, 엄마표 영어를 하는 분들이 자주 들으실 거예요. 영어는 요즘 애들이 부모 세대보다도 잘해요. 그래서 엄마가 단어 하나를 모르면 무시합니다. 발음도 이상하다고 지적하고요. 수학 문제는 더 하죠. 우리 세대가 중학교 때 배웠던 수학이 지금은 초등 고학년 교과서에 나옵니다. 저는 학창 시절에 수학을 잘했는데도 불구하고 기억이 안 나서 못 가르쳐요. 저학년 때에는 그나마 기본적인 연산이라 어느 정도 가능하지만 진도가 나갈수록 어려워져서 가르치기가 힘들어집니다.

문해력도 한창 이슈죠. 공부의 가장 큰 무기가 문해력이라는 말도 많이 들립니다. 그런데 초등학교 국어 문제나 수학 문제를 읽어보면 뭘 어떻게 하라는 건지 문제가 이해가 안 되는 경우가 있어요. 그러면 아이는 엄마가 가르쳐주는 것에 대해 신뢰하지 못하게 될 거예요. 맘카페나 블로그를 보면 다른 엄마들은 엄마표 공부를 척척 잘 해내는 것 같은데 나는 수동적인 숙제 시키기도 잘못하니 좌절감이 듭니다. 가뜩이나 부담스러운데 아이가 내 뜻대로 되지 않으니 화가 나는 건 당연합니다.

아이와 공부할 때, 화가 나는 이유는 크게 두 가지로 나눠볼 수 있어요. 하나는 아이가 계획대로 안 움직이고 안 하려고 해서 태도 때문에 화가 나는 것이고, 다른 하나는 아이가 공부를 좀 더 잘했으면 좋겠는데 반복된 실수를 하거나 좋은 성과가 나오지 않기 때문에 화가 나는 것입니다. 엄마의 마음속에 심리적인 갈등이 생겼다는 것인데요. 중요한 것은 이때 아이의 마음속에서도 갈등이 일어난다는 점입니다.

✦ 공부 가르치기, 회피하면 안 되는 이유

단면만 보았을 때, 서로 갈등이 생기면 관계만 나빠지니 공부는 남에게 맡기는 게 낫겠다는 생각도 하게 될 겁니다. 학원을 더 보내거나 과외를 시키는 게 효율적일 것 같거든요. 그런데 이것도 사실 회피하는 행동입니다. 갈등을 회피하면 결국에는 문제가 생깁니다.

　육아에서 부모의 궁극적인 목표는 무엇일까요? 자녀가 사회의 일원이 되고 독립적인 인격체가 되도록 성장시키는 것입니다. 공부를 시키는 이유도 그것이죠. 그런데 그렇게 되려면 아이 스스로 자기 존재에 대한 생각(정체성이라고 부를 수도 있고, 자기감이라고 부를 수도 있고, 자아라고 부를 수도 있습니다)이 점점 확고해져야 합니다. 그렇게 확고해지려면 갈등도 꼭 겪어야 하는 과정이죠. 근육을 계속 써줘야 근력이 키워지듯, 아이를 위해서도 끝없이 기싸움을 해야 해요. 많은 엄마들이 바로 이 힘겨루기, 아이와의 힘겨루기 과정에서 화가 나는 거죠. 아이가 떼를 쓸 때 바로 훈육이 되는 게 아니라 상황이 자꾸 밀당이 되는 것 같고, 아직 초등학교도 안 들어간 아이인데 말을 너무 잘해서 논리에서 밀리기도 해서 공격받은 듯한 기분이 듭니다.

"이제 공부해야지."
"하기 싫어요."

"오늘 숙제 뭐야? 얼른 해야지."

"싫어. 왜 해야 해? 공부는 왜 해야 해? 엄마는 옛날에 공부 잘했어? 엄마 때는 우리보다 공부 훨씬 덜하지 않았어? 지금은 너무 공부를 많이 시켜. 너무 억울해."

사실 아이는 해야 한다는 걸 다 알면서도 그렇게 대응합니다. 그런 말을 들으면 엄마도 할 말이 없어집니다. 마음이 약해지기도 하죠. 공부를 시키다 보면 여러 가지 생각이 많아지고요. 우리 아이가 행복하게 살면 좋겠는데 공부가 아이를 불행하게 만드는 것 같다는 생각도 듭니다. 아이가 힘들게 살기를 바라는 엄마는 없으니까요. 그런데 또 생각해보면 더 행복해지기 위해 공부를 열심히 해야 하는 것 아닌가 하는 생각도 듭니다. 그래서 이런 말은 다들한 번씩 해보셨을 거예요.

"공부해서 남 주니?"
"공부를 너 좋으라고 하는 거지. 엄마 좋으라고 하는 거니?"

제가 꼭 드리고 싶은 말씀은 지금 이 순간, 아이와 공부로 갈등하는 이때가 너무 중요한 순간이라는 것입니다. 거시적인 관점에서 보면 정말 중요한 시기입니다. 아이가 공부를 해야 하는데 힘들어하는 시기를 어떻게 하면 잘 지나갈 수 있게 도와줘야 할까요? 그 핵심은 바로 '공부정서'에 있습니다.

저는 대치동에서 진료를 하다 보니 동네 특성상 학구열이 높은 엄마들이나 공부 욕심이 많은 아이들을 많이 만나게 됩니다. 그러면서 개인적으로 생각이 많아지더군요. 그런 사람들을 만난 날은 저도 부모라서 마음이 조급해지고 불안해집니다. 그러다가 곧 평정심을 되찾고 또 다시 불안했다가 평정심을 찾는 과정을 몇 번이나 반복했습니다.

공부정서는 명확하게 정의되어 있는 공식적인 용어는 아니지만, 공부와 관련된 개개인의 특정 정서라고 이해하시면 됩니다. 흔히 이해하고 있는 '감정'은 개인이 순간순간 마음에서 경험하고 느끼는 것이라면, '정서'는 개인에게 어떤 패턴을 가지고 반복되며 그 정서를 유발하는 대상이 비교적 명확하고 그 대상에 대한 개인의 경험과 관련된 것입니다. 제가 생각할 때 정서라는 건 아이를 양육하는 사람이 가장 신경 써야 할 부분입니다.

정신과 의사로서 제가 늘 가장 중요하게 생각하는 개념이 바로 정서입니다. 정서는 늘 어떤 상황과 맞물리는 경우가 많습니다. 육아를 할 때 양육자들이 가장 신경 쓰는 것이 두 가지가 있는데 바로 먹이고 재우는 것입니다. 그것이 가장 중요한 목적이 되다 보니 아이가 잘 먹게 하고 잘 자게 하는 데 효과적이라는 육아법을 많이들 쓰시는데, 그중에는 아이의 정서를 망치는 방법들이 많습니다. 앞에서도 설명했듯이 늦게까지 안 자는 아이에게 공포 감정을 자극해서 협박하고, 편식하는 아이에게 억지로 반찬을 먹이는 것 모두 잘못된 방법입니다.

겁을 먹고 잠이 든 아이는 공포 정서가 잠과 맞물려서 잠이라는 개념에 부정적인 정서가 함께 개념화됩니다. 어릴 때 잠깐 동안에만 국한되는 것이 아니라 평생 매일 잠을 잘 때마다 그런 정서가 동반됩니다. 좋은 음식을 억지로 먹이는 것 또한 아이 건강을 생각해서 한 행동이지만 아이는 지나친 통제감을 경험하게 됩니다. 지나친 통제감이라는 게 뭐냐면 '나의 의사와 관계없이 엄마가 자기 맘대로 좌지우지한다'는 느낌입니다. 이 통제감을 느끼는 게 아이에게 어떤 영향을 미치는지 이해하려면, 본능과 정서의 관계에 대해 반드시 알아야 합니다. 1부에서 설명했던 '상반된 본능' 편을 다시 한 번 읽어보시길 권합니다. 이 내용은 엄마들이 꼭 알아둬야 하는 내용입니다.

인간의 본능과 정서는 매우 깊은 관계에 있습니다. 본능이 충족되지 않는다는 느낌을 받는다면 부정적인 정서가 올라와요. 강압적인 방식으로 공부를 시키면 그 당시에는 습관을 바로 잡은 것처럼 보이지만, 아이 내면에서는 부정적인 공부정서가 만들어지게 되는 것이죠. 잘못된 육아 방법을 학습에도 똑같이 적용해버리면 안 됩니다.

좋은 공부정서를
만드는 법

아이들이 초등학교 입학을 앞둔 시기가 되면 엄마들은 특히 더 공부에 대해 관심이 높아집니다. 공부정서도 더 잘 만들어주고 싶어서, 공부와 연관된 긍정적인 감정을 느끼게 하면 아이가 즐겁게 공부하고 자기주도적으로 공부하고 싶어질 거라고 생각하실 거예요. 그런데 공부정서는 그렇게 만들어지는 게 아닙니다.

정서는 의도적으로 어떤 상황에서 반복된 감정을 부여하는 게 아니라 이미 아이가 가지고 있는 거예요. 이미 아이에게 있는 정서가 그 순간에 나타난 것뿐이죠. 그래서 엄마는 공부를 시키는 순간순간마다 아이가 어떻게 반응하는지 잘 살펴보고 대응해야 합니다. **무조건 긍정적인 정서를 심어줘야 한다는 개념을 버리셔야 해요. 정서에는 우열이 없습니다. 가장 좋은 정서, 가장 나쁜 정서 이런 게 없다는 말입니다.**

아이들이 공부하는 그 순간에 찾아오는 감정을 읽어야 하는데요. 예를 들어 아이가 공부하다 보면 긍정적인 감정을 느끼는 때가 있습니다. 아이마다 자기가 좀 자신 있어 하는 과목이 하나쯤은 있거든요. 결과가 잘 나왔을 때 긍정적인 피드백을 받으면 자신감이 생기고 우월감도 느낍니다. 이런 것이 반복되는 것이 바로 긍정적인 정서입니다. 반면 자신 없는 과목을 공부하면서 이해가 잘 되지 않고 결과가 안 좋으면 부정적인 감정을 느낄 거예요. 이 모든 감정 경험을 엄마가 옆에서 함께해주는 것이 정말 중요합니다. 곁에서 아이의 감정에 공감해주는 역할을 하는 것인데요. 이 역할이 중요한 이유는 아이의 정서 조절 능력을 키워주기 때문입니다. 그래야 아이가 공부할 때 부정적 감정이 들어도 스스로 조절을 잘할 수 있게 됩니다.

아이들은 혼자서는 감정 조절을 잘 못하거든요. 어른도 잘 못하는 것이니 아이들은 더 못해요. 그 이유는 뇌가 아직 감정 조절을 할 수 있을 만큼 발달이 안 돼 있기도 하지만 아이들은 자기감정이 뭔지도 모르고 인식도 못한 채 그냥 반응만 하기 때문입니다. 엄마가 보기에는 아이가 그냥 숙제를 안 하고, 미루고, 엄마 탓만 하고, 괜히 화만 내는 것 같거든요. 아이 입장에서는 되게 억울하죠. 감정 자체를 인지하지도 못하고 있으니까요. 그런데 아이의 그 행동 이면에 감정이 있는 거예요. 그 감정을 엄마가 있는 그대로 그냥 읽어주기만 하면 아이는 '내가 지금 느낀 감정이 이거구나.' 하고 배우게 됩니다.

예를 들어 수학을 어려워하는 아이라면 수학 문제가 잘 안 풀려요. 그럼 막 짜증 나요. 그래서 하기 싫고, 숙제가 있는데 시작도 하기 싫어져요. 자기도 왜 그러는지를 몰라요. 최소한 엄마는 옆에서 왜 이러는지 그 이면에 있는 감정을 읽어주려고 노력을 해야 합니다. 아이는 모르거든요.

✦ 아이의 감정을 먼저 읽자

그렇다면 구체적으로 감정을 어떻게 읽어줘야 할까요? 한번 생각해보죠. 아이는 왜 수학 숙제를 안 했을까요?

"놀고 싶어서."

아마 대부분 이렇게 답하셨을 거예요. 대부분의 엄마가 이렇게 단순하게 생각합니다. 물론 아이들은 놀고 싶어 하죠. 당연한 거예요. 그런데 그게 전부는 아니거든요. 진짜 중요한 마음이 속에 있습니다. '숙제하기 싫은 마음' 안에는 이미 쌓인 경험치가 들어 있다는 것입니다.

흔한 예를 들어볼게요. 아이가 수학 공부를 하는 동안 뭔가 잘 안 풀리는 순간을 마주했다고 해보죠. 그 순간 아이 성향에 따라 각자 대응하는 방식이 다릅니다. 잘하고 싶은 마음이 강하고, 승부욕이 많고, 경쟁심이 많은 아이라면 그런 순간에 좌절감을 더 많이 느껴요. 뭔가 잘했고 이겼을 때 좋은 느낌을 많이 받았을수록 반대 상황을 겪으면 그만큼 좌절감도 크게 느끼게 돼요. 그런데 아이들은 그 부정적인 감정의 이름이 '좌절감'이라는 것은 몰라요. 하지만 분명히 느끼긴 하죠. 그래서 엄마가 옆에서 그 감정을 잘 봐야 합니다.

그냥 놀고 싶어서 숙제 안 한 거라고 판단하고 아이를 대하면 아이는 억울함을 느낍니다. 처음엔 억울함이지만 그게 반복되면 '나는 왜 이렇게 놀고만 싶어 하는 사람일까?' 하는 자괴감으로 이어져요. 이렇게 부정적인 정서가 겹겹이 자리 잡히고 맙니다.

부정적인 정서란 '지금 숙제를 하기 싫다' 단지 이런 느낌이 아닙니다. 자신의 이면에 있는 감정을 옆에서 공감해주지 않았을 때, 그때 찾아오는 내 감정을 나 스스로도 외면하고 이해하지 못하게 되면서 겹겹이 쌓아놓을 때 생깁니다. 1차로 좌절감을 느끼고, 2차로 억울함이 추가되고, 3차로 자괴감이라는 강력하게 부정적인 정서가 자리 잡히는 것이죠.

그래서 엄마는 부정적인 정서가 발생할 수 있는 가능성들을 잘 헤아려야 해요. 저는 아내와 함께 아이들을 가르치는데요. 저도 아이들을 가르치다 보면 당연히 화가 날 때가 있습니다. 비유를 하자면 저는 축구선수가 아니라 축구 해설자예요. 해설자인데 아이들을 가르칠 때는 선수가 되어야 하니 잘 안 되죠. 다른 부모들도 마찬가지일 거고요. 우리 모두 똑같아요. 그럴 때 저는 아내와 배턴터치를 합니다. 그러면 아이들이 공부하는 분위기가 조금은 새롭게 전환되는 장점이 있더라고요. 아이들도 신선함을 느끼고요. 저희 아내도 아이들이 그냥 놀고 싶어서 공부하기 싫어하고 안 한다고 생각할 때가 가끔 있습니다. 저는 직업상 아이들의 학습 태도 이면에는 무수히 많은 감정이 있다는 것을 알아요. 머리로는 다 압니다. 그래서 아내에게도 그 부분을 조금 짚어줘요. 그런 가정을 하고 추정해서 아이들과 대화를 하다 보면 공부하기 싫어서가 아니라 다른 감정의 이유가 있다는 사실을 발견하게 되는 거죠.

아까 질문을 다시 해볼게요. 아이가 왜 수학 공부를 안 할까요? 왜 수학 숙제를 안 했을까요?

"좌절감을 맛보기 싫어서."

이런 이유가 더 클겁니다. 아이가 수학 문제를 푸는데 잘 모르겠어요. 그런데 엄마가 지나가다 슬쩍 보고 이렇게 말합니다.

"왜 아직도 못 풀어? 이거 맨날 하던 건데 왜 아직도 몰라? 몇 번을 더 설명해야 돼?"

부정적인 피드백이죠. 그 부정적인 피드백을 받은 것 자체가 중요한 게 아니라 그 피드백을 받았을 때 아이의 감정이 중요해요. 또 부모가 어떤 성향이냐에 따라 피드백도 다를 거예요. 세게 소리 지르고 혼내면서 공포감을 주는 사람도 있고, 벌을 주는 사람도 있고, 아이가 원하는 걸 안 해주면서 협박하는 사람도 있고, 심한 경우는 집에서 나가라는 폭언을 하는 경우도 있어요. 그러면 아이는 그 순간에 겁을 먹죠. 친밀감의 욕구와 유대감의 욕구가 엄청나게 훼손되는 순간입니다. 그럴 때는 감정적으로 공포감과 불안감이 확 올라옵니다.

이런 상황이 반복되다 보면, 아이가 공부를 해야 되는데 공부와 관련된 상황에서 찾아오는 부정적인 감정을 피하고 싶은 마음이 먼저 들게 됩니다. 그래서 우선은 공부해야 하는 상황, 숙제해야 하는 상황을 피하는 거죠. 회피에는 여러 가지 방식이 있어요. 하나는 미루기예요.

"나중에 할 거야."
"유튜브 이것만 보고 할 거야."

내일 학원 가는 날인데 오늘 안 하고 "내일 학원 가기 전에 할 거야."라고 하거나, 지금 해버리고 쉬는 게 좋을 텐데 "저녁때 할 거야." 하면서 할 일을 최대한 미룹니다. 이런 식으로 미루는 건 마냥 놀고 싶어서 그러는 게 아니라는 걸 이제 이해하셔야 해요. 물론 놀고 싶은 마음도 있을 거예요. 가장 중요한 것은 아이가 공부하면서 힘든 감정을 겪었고, 그 감정들이 쌓여서 공부를 하면 어떻게 될지 뻔히 알기 때문에 우선 피하고 보는 겁니다. 공부를 피하는 게 아니라 공부와 관련된 감정을 피하는 거예요. 이처럼 아이의 마음을 읽을 수 있게 되는 것이 아이의 공부정서를 키워주는 핵심 전략 중 하나입니다.

아이에게 공부하라고 협박하거나 공포심을 조장하는 방법 외에 정말 잘못된 방법이 있습니다. 모든 걸 엄마가 정해주며 아이의 자율성을 훼손하는 것인데요.

아이도 스스로 학습 계획을 짤 수 있고 그 계획은 아이마다 다를 겁니다. '나는 지금 이걸 먼저 한 다음에, 이따가 숙제할 거야.' 하는 계획을 세울 수 있거든요. 그런데 아이의 마음이나 계획을 다 무시하고 "아니야. 그건 비효율적이야. 지금 숙제부터 해."라고 하는 거죠. 엄마가 되면 아이에게 "지금 해. 왜 말 안 들어!" 하며 명령하는 말을 너무나 쉽게 하게 됩니다.

숙제는 이따 해도 되는 일인데 엄마가 세워놓은 계획을 아이가 따르길 바라는 거예요. 이것도 기싸움이에요. 아이의 행동을 통제하는 거죠. 아이는 독립 욕구가 훼손되었다는 느낌을 받게 되고 부정적인 감정은 커집니다. 그때 아이가 느끼는 감정이 수치심이에요. 한 인간으로 존중받지 못하고 무시당했다는 느낌이 그 순간에 확 몰려옵니다. 그런데 아이의 감정 표현형은 그게 아니에요. 아이는 '내 자율성이 훼손되니 수치심이 느껴져.'라고 생각하지 못하거든요. 아이의 감정 표현형은 '화'입니다. 화내고 갑자기 충동적인 언행을 하고 욕을 하거나 연필을 던지는 식으로 표현해요. 그러면 또 많은 엄마들이 그 행동에만 집중을 하죠.

"어떻게 엄마한테 그렇게 말해? 버릇없이 물건은 왜 던져? 나중에 커서 뭐가 되려고 그래?"

또 협박을 합니다. 이런 말도 다 협박이에요. 이면에 있는 감정을 읽어줘야 하는데 말이에요. 사실 그 상황에서 분노하지 않고 협박의 말을 안 하는 것도 분명 어려운 일입니다. 알아도 잘 안 돼요. 그래도 이렇게 말씀드리는 이유는 머리로라도 알고 있는 것이 아예 모르고 있는 것보다는 훨씬 낫기 때문이에요. 아이의 자율성이 훼손됐을 때 수치심이 찾아오고 수치심의 표현형은 분노라는 것, 아이의 이면에서는 마음이 이렇게 작동하고 있음을 꼭 기억해 주세요. 아이가 화내는 행동에 집중하지 말고 이면에 있는 감정에 아이의 감정을 읽고 구체적으로 대화하는 방법은 4부에서 자세히 소개하겠습니다.

이처럼 거대한 감정의 흐름이 생기고 반복되며 거시적인 공부정서가 자리 잡히는 그 순간이 바로 엄마가 공부를 시킬 때입니다. 그 순간에 엄청난 감정들이 아이한테 작용합니다. 단순히 공부를 시키는 게 중요한 게 아닙니다. 아이의 감정에 집중하고 공감해줘야 합니다.

자기주도적인 아이로 만드는
부모의 역할

"그러면 공부시키지 말아야 하나요? 우선 편하게 해줘야 하나요?"

이제 이 시점에 고민이 생깁니다. 그렇게까지 공부를 시켜야 하는지 의문도 생기실 거예요. 여기서 꼭 말씀드리고 싶은 게 있습니다. 정확히 구분해야 해요. 엄마가 아이한테 해줘야 하는 것은 딱 두 가지입니다. 이것은 육아의 대원칙이기도 한데 교육에서도 역시 이 대원칙이 통합니다.

1. 아이의 마음을 다 받아준다.
2. 아이의 행동은 조절해준다.

그런데 많은 사람들이 두 가지를 동시에 충족하는 게 불가능할 거라고 짐작합니다. "그래. 숙제하기 힘들겠다." 하고 아이의 마음을 받아줬다가는 지금 숙제를 안 해도 된다고 해석해서 공부를 시키지 못할 것 같다고 생각해요. 하지만 어떤 순간에도 아이의 마음은 다 받아줘야 해요. 아이의 행동 이면에 있는 여러 가지 감정들이나 생각들을 모두 헤아려줄 준비가 되어 있어야 합니다. 아이의 마음을 헤아렸다면 온전히 수용해야 하고요.

당연히 마음을 받아줬다가 숙제 못 시키게 될까 봐, 받아줬다가 공부 안 할까 봐 불안한 마음이 들 수 있어요. 이때는 두 가지 대원칙을 기억하고 확실히 구분을 해야 합니다. 마음을 받아주는 것과 별개로 숙제는 시킬 수 있거든요. 육아의 대원칙을 그대로 적용하시면 됩니다. 짜증 나고 힘든 마음을 받아주되 지금 숙제를 해야한다는 건 단호하게 말해주는 거예요.

"어차피 공부시키는 건데 마음을 받아주든 아니든 결국 아이 입장에서 하기 싫은 공부를 하는 건 똑같은 거 아닌가요?"

어차피 공부하기 싫은 마음은 그대로인 것 같고, 마음을 받아줘

받자 아무 변화가 없는 것처럼 생각할 수도 있습니다. 하지만 아닙니다. 절대 아니라고 말씀드립니다. 전혀 달라요. 아이는 내 독립 욕구나 의존 욕구가 훼손되지 않게 존중받았다는 느낌을 받으면 그 느낌을 정말 소중하게 여기고 간직합니다.

자율성을 존중받았다는 느낌이 당연히 하루 만에 만들어지지는 않아요. 몇 년에 걸쳐 서서히 형성됩니다. 엄마가 숙제를 시켜서 하더라도 태도는 달라집니다.

'공부하기 싫긴 하지만 내 이면에 있는 마음을 엄마가 다 알아. 내 마음을 같이 공유하고 있어. 내 마음을 이해하고 믿어주는 내 편이 있어. 엄마 마음대로 학원을 정하고 계획을 짜놓고 시간 관리하고 나를 강압하는 건 아니야. 엄마도 고민을 많이 하고 내가 숙제할 시간, 숙제의 양, 학원을 정하는 거야. 늘 나와 상의하면서 내 자율성을 존중해주면서 함께 결정해.'

이런 생각이 아이의 마음에 자리 잡기까지는 몇 년이 걸립니다. 그리고 이렇게 되어야 사춘기가 오고 청소년이 됐을 때 안정적인 공부정서를 갖게 됩니다.

✦ 스스로 공부하는 아이로 만들려면
모든 엄마들이 바라는 꿈이 공부를 알아서 스스로 잘하는 아이일 거예요. 그런데 그런 상황은 그냥 갑자기 하늘에서 뚝 떨어지는 게 아니죠. 자기주도학습이 되려면 몇 년에 걸쳐 이런 밑바탕이 만들어져야 합니다. 그러면 아이가 성장하면서 자기의 생각이 더 확고해지고, 하고 싶은 꿈이나 방향이 더 생겼을 때 과감하게 앞으로 나아갈 수 있어요. 엄마가 해야 하는 일은 그 밑바탕을 만들어주는 것, 아이의 공부정서를 엄마가 옆에서 함께 공유하는 것입니다. 다시 한번 말씀드리지만 긍정적인 정서만을 심어주는 게 아니에요. 우리가 화분을 키울 때 유전자를 조작해서 꽃을 빨리 피우게 하고 열매가 빨리 맺히게 하지 않잖아요. 매일 상태를 잘 살피면서 물을 주고 햇빛 쬐어주고 거름을 줘야 합니다. 한 번에 해치우는 게 아니라 오랜 시간 옆에서 함께 시간을 보내야 하고요.

물론 당연히 생각보다 어렵습니다. 엄마도 감정을 가진 존재이기 때문에 아이 공부를 시키다 보면 자꾸 친밀감이 훼손되는 느낌이 들어서 너무 괴롭습니다. 아이와 감정적으로 멀어지는 느낌이 들거든요. 엄마 역시 자신의 본능적인 욕구가 훼손되는 것이니 감정이 힘들고 불편해집니다. 엄마의 내면에서도 복잡한 감정이 서로 싸울 겁니다. 아이와의 관계가 나빠지는 게 싫어서 다 해주고 싶기도 하고, 나의 독립적인 영역이 지켜지도록 아이가 다 알아서 하기를 바라기도 합니다.

유전자 조작하듯 단번에 쉽게 자기주도적으로 공부하는 아이를 만들 수 있는 치트키 같은 건 없습니다. 단지 늘 이런 생각을 염두에 두셔야 합니다.

'아이 옆에서 어떻게 하면 햇빛 같은 존재, 거름 같은 존재가 되어줄 수 있을까?'

이 고민을 해야 해요. 그런데 이러한 노력은 다 감정과 연관됩니다. 그래서 감정을 어떻게 읽어줄 것인가가 중요하다고 제가 계속해서 강조하고 있는 것입니다. 엄마가 아이에게 긍정적인 정서를 심어주는 게 아니라 아이한테 이미 있는 그때그때의 감정을 같이 읽어주면 됩니다. 아이는 긍정적인 감정과 부정적인 감정을 항상 왔다 갔다 하면서 경험할 거거든요. 그 변화를 옆에서 유심히 지켜보고 알아줘야 합니다. 엄마가 자신의 감정을 잘 알아주는 경험을 반복적으로 계속하면 감정을 스스로 조절할 수 있는 아이가 돼요. 스스로 감정을 조절할 수 있는 느낌을 가지고 있어야 모든 일에 동기와 의욕이 생기고 자기주도성도 점점 발전해갈 수 있습니다.

✦ 청소년기에 공부정서가 망가진 아이들

아이가 청소년이 되면 본격적으로 공부를 많이 하고, 학원도 많이 다니죠. 학원 라이딩하고 시험공부를 함께 챙기느라 엄마도 함께 지쳐갑니다. 아주 예민한 이 고등학교 시절, 재수생 시절을 보내는 대치동 아이들을 보면서 늘 느끼는 게 있습니다.

'인간의 삶에서 정서가 너무 중요한데 정서를 놓치고 있구나.'

무엇보다 안타까운 건 몰라서 놓친다는 거예요. 아이가 그 순간에 느끼는 자신의 감정을 모르면, 정확히 알지는 못해도 감정으로 인한 불편함은 느끼기 때문에 결국 그 감정 자체를 억압하게 됩니다. 수학 문제 풀다 막혔을 때 느껴지는 좌절감 또는 억지로 학원 다니고 공부하면서 느끼는 모멸감이나 수치심을 인지하지 못하고 그냥 수면 아래로 묻어버립니다.

그런데 감정이라는 건 묻는다고 해서 사라지는 게 아니에요. 속에서 곪아요. 곪아가다가 나중에 터져요. 언제 터질까요? 어느 정도 커서 초등학교 고학년, 중학생, 고등학생쯤 본격적으로 공부해야 할 타이밍에 터져요. 어떻게 터질까요? 정말 흔한 형태가 앞서 말씀드린 강박입니다. 강박이 별것 아니라 하나에 꽂히는 거거든요. 어떤 생각이 확 꽂혀요. 공부할 때 딴짓하면 다른 때보다 더 재미있어요. 게임도, 유튜브 영상도, 훨씬 더 재밌게 느껴집니다. 거기에 꽂혀서 재미있어지는데 사실 공부를 회피해서 즐거운 겁니다. 아이가 지금 공부해야 하는 그 상황에서 너무 스트레스를 받으니까 피하고 싶어지는데 그때 뭔가에 꽂히면 해방감 때문에 너무 좋은 거죠.

그 자체가 안 좋은 건 아니지만 지나치게 몰입이 되면 문제가 되는데 이를 의존이나 중독이라고 합니다. 이처럼 딴생각에 꽂혀 있으면 지금 해야 할 공부를 못하는 것만 문제가 아니라 정서적인 문제도 나타납니다. 왜냐하면 아이도 알거든요.

'나 지금 공부해야 하는데 이렇게 딴짓을 하고 있네.'

스스로 모멸감과 자괴감을 느껴요. 그런데 옆에서 엄마가 또 한마디 더하죠.

"네 친구는 빅3 학원 다니면서 선행을 이미 3년을 앞서갔다더라. 네가 지금 그럴 때야? 다들 새벽 늦게까지 공부한다고 난리야."

이러면 아이의 마음속에 부정적인 감정들이 꽉 차요. 그런 감정들을 자기도 모르게 무의식이 처리하느라고 에너지가 쭉쭉 빠지고 더 힘들어집니다. 사람은 살기 위해 부정적인 감정을 해결하려고 애를 쓰는데 그것 때문에 에너지를 다 써버리면 번아웃이 옵니다. 공부할 힘이 없고 집중도 안 되고 심하면 우울증까지 옵니다.

또 다른 흔한 증상은 신체화somatization입니다. 이것도 무언가에 꽂히는 것인데 대개 몸이 아픈 것에 꽂혀요. 청소년들은 배가 아프다, 머리가 아프다, 허리가 아프다는 호소를 자주 하는데요. 꾀병이 아니라 실제로 아픈 것이고 그걸 신체화라고 해요. 억압된 감정과 내가 인지하지 못한 감정을 몸으로라도 표현하고 있는 것이죠. 이것도 반복되다 보면 내 감정을 외면하는 또 하나의 수단이 되고 몸이 아픈 것에 꽂혀 있느라 공부에 집중하지 못하고 겉돌아요. 시간을 효율적으로 활용하지 못하게 되죠.

제 진료실에 찾아온 아이 중에 IQ 검사를 해보니 상위 1%인데 성적은 하위권인 아이가 있었어요. 엄마는 속이 탔습니다. 머리는 이렇게 좋은데 성적이 안 나오니까요. 잠재성은 너무 많은데 정서가 망가져 있었습니다. 아이는 자기도 모르게 자신의 감정을 억압하고 있느라 번아웃 상태가 되어 있었습니다. 정신적인 에너지가 소진되니 수업 시간에 집중하기도 어렵고 혼자서 하려고 해도 잘 안 됐고, 그런 자신을 비하했고 이중고를 겪으니 더 힘들어했어요.

청소년기에 접어든 아이들의 망가진 공부정서를 바로잡으려면 엄마의 노력만으로는 어렵습니다. 그때는 전문가의 도움을 받아야 해요. 우울증과 강박증을 치료하고 그동안 낮아진 자존감을 회복하는 상담을 몇 년 하면 도움이 됩니다. 그런데 오랜 시간을 투자해야 하니 그런 치료를 선택하기도 쉽지 않습니다. 시간이 계속 가니 조급해지고 당사자도 힘들어해요. 친구들은 대학에 입학하고 취직하는데 나는 멈춰 있는 느낌을 극복하는 것도 쉽지 않거든요. 가장 좋은 것은 미리미리 예방하는 겁니다. 제가 늘 강조하는 말, 다시 한번 강조합니다.

"망치지만 말자."
"최악만 막자."

제가 환자를 진료하면서 최악의 사례를 많이 봐와서 그런 것 같아요. 최악만 막아도 성공이에요. 생각보다 최악의 경우가 많거든요. 육아도 그렇고 공부도 그렇고 정서를 못 다루는 게 최악입니다.

3부

. . . .

성격 유형별
공부정서
키우는 법

저도 아이를 키우는 부모로서 아이의 공부 문제는 신경 쓰지 않을 수가 없습니다. 우리나라의 교육 현실이 그렇기도 하고요. 아이가 태어났을 때는 건강하게 잘 자라기만 바라다가 아이가 크면 클수록 정서적으로 안정되고 성격이 좋았으면, 기왕이면 공부도 잘했으면 하고 바라죠. 특히 아이가 아프기라도 하면 "그래. 다 필요없지. 건강이 최고야."라고 했다가 다 낫고 건강해지면 다시 또 공부 이야기를 꺼냅니다.

저는 대한민국에서 학구열이 가장 높다는 지역에서 진료를 하면서 다양한 연령대의 학생들을 만났습니다. 미취학 아동, 초등학생, 중학생, 고등학생 그리고 성인까지 다양한 사람들을 상담했어요. 아이가 공부를 잘하기를 바라는 부모의 마음은 자연스럽지만 안타깝게도 아이의 정서를 생각하지 않은 방법을 쓴 경우가 너무나 많았습니다. 아이 스스로 자신의 정서를 해치는 방법을 쓰는 사례도 있었고요. 그런 사례를 너무 많이 봐왔고 안타까운 마음에 정서 지키는 법에 대해 얘기를 하려고 공부정서라는 주제로 이야기를 하고 있습니다.

그렇다면 구체적으로 어떻게 아이의 공부정서를 지켜줄 것인지에 대해 궁금해하실 텐데요. 사실 육아든 공부정서든 일반론적으로 하는 이야기는 들으면 모두 이해가 되는데, 정작 내 아이에게 적용하려고 하면 쉽지가 않습니다.

"그렇게 해봤는데 우리 아이한테는 안 먹혀요. 도무지 말을 안 들어요."

이런 말씀을 많이 하십니다. 아이마다 기질도 다르고 성향도 다르니까요. 이제 특정 유형의 아이들에 대해서는 어떻게 바라보고 도와주면 좋을지에 대해 말씀드리려고 합니다.

대개 아이가 초등학교 고학년이 되거나 중학교 들어가기 전이 되면 '이제는 정말 공부를 해야 할 시기'라는 생각을 합니다. 물론

취학 전이나 초등 저학년 때부터 공부에 관심이 높은 가정도 있을 겁니다. 부모의 가치관마다 가정의 상황에 따라 공부를 시작하는 시기는 다 다릅니다.

엄마가 바라는 이상적인 아이상이 있죠. 아이들이 금수저를 원하는 것처럼 엄마도 아이에게 기대하는 것이 있습니다. 알아서 숙제도 하고 책도 읽고 감정 조절도 잘하고 인성도 바르고 하나를 가르치면 열을 알고 시험공부도 알아서 계획을 세워서 실행하고 시험 성적도 좋기를 바라죠. 그런데 대부분의 아이들은 그 이상형과는 거리가 멉니다. 이상형을 현실에서 보기는 거의 어렵습니다. 특히 우리 아이가 그런 이상형에 조금이라도 가까워지려면 엄마가 가만히 기다리면 되는 게 아니라는 것이 문제죠. 그러려면 엄마가 옆에서 잘 도와줘야 합니다.

이 책에서 가장 중요한 주제는 아이의 마음을 읽어주는 것이라고 말씀드리고 있습니다. 그렇다면 아이마다 기질이 다르고, 특히나 내 아이가 유난히 더 독특한 것 같다면 어떻게 해야 할까요? 내가 어떻게 접근해야 아이 마음을 바라보고 읽어줄 수 있을까요?

우선은 아이의 성격 유형 중 수월하지 않은 유형들만 모아서 먼저 말씀드리도록 하겠습니다. 사실 아이를 키우고 교육하는 게 수월한 사람들은 여기까지 오지도 않습니다. 어떻게 아이와 잘 지낼지 책을 읽으며 공부하고 강의를 찾아 들을 필요까지는 없거든요. 진료실이나 강의에서 만나는 분들은 대부분 예민하고 까다로운 기질의 아이를 키우고 있다고 얘기합니다. 이제 여기에서 살펴볼 아이의 유형은 이렇습니다.

- **불안한 아이**
- **예민한 아이**
- **의욕이 없는 아이**
- **자신감이 없는 아이**
- **집중을 못하는 아이**
- **승부욕이 너무 심한 아이**

아이가 이 유형에 해당이 안 될 수도 있고, 몇 가지에는 해당이 될 수도 있고, 모두 다 해당될 수도 있을 거예요. 각 유형은 아예 분리된 것이 아니라 서로 겹치는 부분도 있고, 그래서 대처하는 방법에도 겹치는 부분이 있을 겁니다. 그러니 지금 우리 아이와 무관한 것 같아도 꼭 읽어보시기 바랍니다.

불안한 아이

의외로 많은 아이들이 불안을 가지고 있습니다. 그런데 아이의 불안을 이야기할 때 진짜 중요한 건 바로 엄마의 불안입니다. 아이가 불안 정서를 갖고 있다면 엄마가 이미 불안한 상태에 있을 확률이 높습니다. 모든 엄마가 어느 정도 불안을 가지고 있겠지만 특히 불안도가 높은 분들이 육아를 열심히 합니다. 육아서도 열심히 읽고 육아 관련 강연이나 방송도 열심히 보며 공부하죠. 그런데 아이도 함께 불안해지는 것이 문제가 되죠. 타고난 기질이 그럴 수도 있고 엄마를 보고 배워서 그럴 수도 있어요.

여기서 중요한 것은 '불안을 바라보는 개념'입니다. 엄마가 불안 때문에 힘든 삶을 살았고 그 때문에 위축되어 있다면 '불안은 안 좋은 것'이라는 고정관념을 가지고 있을 겁니다. 그렇다면 아이가 불안도가 높은 성향을 보일 때, 엄마가 차분하게 대처하는 것이 아니라 오히려 잘못된 대처를 하기 쉽습니다. 불안한 아이의 마음을 헤아리기보다는 겉으로 보이는 불안한 행동을 없애기 위해 조급하고 예민하게 대하게 됩니다. 결국 엄마는 아이의 불안을 더 자극하는 식으로 대처하게 되고 그러면서 아이의 불안은 더욱 커지는 악순환의 굴레에 갇혀버리게 되죠.

불안은 위협이나 신체적·정신적 스트레스에 대한 자연스러운 반응이고, 모든 사람이 삶을 살아가면서 경험할 수 있는 감정 반응이라는 사실을 엄마가 먼저 받아들여야 합니다. 사람마다 정도 차이가 있지만 불안한 기질은 그만큼 상황에 잘 적응하기 위한 기질입니다. 불안이라는 감정 자체가 나쁜 건 아니에요. 사실 불안이 나쁜 감정이라고 느끼는 이유는 나의 부모가 나를 키울 때 그런 말을 했거나 부정적인 분위기를 만들어서 내 안에 내재화되었다가 아이에게 그 감정이 대물림되는 경우가 많기 때문입니다.

하지만 불안은 나쁘지 않습니다. 어느 정도의 불안이 있어야 잘 생활할 수 있기도 하고요. 불안의 정도가 아니라 불안을 바라보는 마음이 중요합니다. 엄마가 불안을 바라보는 마음이 긍정적이어야 아이가 불안해하는 모습을 볼 때 적절히 공감하고 대처할 수 있습니다.

불안은 공부정서에서도 중요한 감정입니다. 기본적으로 공부는 불안한 거예요. 사람은 새로운 상황에 적응해야 할 때 심리적으로 불안해집니다. 공부라는 건 당연히 내가 몰랐던 새로운 것을 배우는 것이니까 '새로운 상황'에 해당합니다. 공부를 안 해도 된다면 불안하지 않을 텐데 공부를 해야 하고 잘하고 싶은 마음이 있으니까 불안한 거죠. 이때 불안은 자연스러운 감정입니다. 그런데 어느 정도의 불안은 효율을 높이지만 지나치면 효율이 낮아져요. 아이가 불안이 지나쳐서 힘들어한다면 엄마가 어떻게 도와줘야 할지 생각해봐야 합니다. 불안이 많은 아이들은 학교에 들어가기 전에 한글을 배우고 구구단을 익히고 알파벳과 영어 단어를 외우는 것부터 버거움을 느낍니다.

'나는 잘하고 싶은데….'
'틀리거나 못하면 어떡하지?'
'다른 애들은 다 잘하는 것 같아.'

이런 마음이 들어서 불안이 심해집니다. 이때 이런 아이를 바라보는 엄마의 관점이 중요한데요. 아이의 불안을 수용하기 어려워하는 엄마들이 있습니다. 직접 겪어보지 않은 감정이라서 수용하지 못하는 경우도 있고, 한편으로는 엄마가 그 감정을 너무나 잘 알고 있고 그 감정에 너무 이입해버려서 그 감정을 빨리 처리해버리고 싶어서 수용하지 못하는 경우도 있습니다. 아이를 불안에서 빨리 벗어나게 해주고 싶은 마음에 지나치게 대수롭지 않게 대하거나 오히려 모질게 대하고 결과적으로 아이를 더 불안하게 만들어버리는 것이죠.

불안과 두려움은 흐름이 비슷합니다. 엄마가 아이를 공부시키려고 쉽게 쓰는 방법 중 하나가 아이가 무서워서 혹은 두려워서 공부를 하게 만드는 것인데요. 처음에는 아주 효과적인 것처럼 느껴지겠지만 조금만 길게 보면 아이의 불안을 강화하는 방법이라는 사실을 알게 됩니다. 공부는 아주 오랫동안 해야 하는 거예요. 최소 12년입니다.

공부와 불안이라는 감정이 반복적으로 맞물리면 그 잘못된 인식을 해결하기가 쉽지 않습니다. '공부는 불안한 것이고, 마음을 불편하게 하는 것'이라고 인식하게 되면 책만 펴도, 학원 갈 생각만 해도, 학교 갈 생각만 해도 불안이 올라옵니다. 특히 시험 보기 전날은 더 불안해지겠죠.

이걸 꾹꾹 참고 견디며 몇 년을 지내다 보면 결국 문제가 불거집니다. 그 모습은 여러 가지로 나타날 수 있는데 우울증, 공황장애, 강박장애, 틱장애 등이 가장 흔합니다. 물론 이런 환경적인 요인만 가지고 불안이 나타나는 것은 아니고 기질적인 요인도 있겠지만 이러한 상황이 반복될수록 불안이 심화되는 것은 사실입니다.

불안의 정도는 기질적으로 타고나는 부분이 분명히 있습니다. 후천적인 영향도 당연히 있고요. 후천적인 영향 중에는 엄마가 아이의 그러한 기질을 인정하지 않는 것도 매우 크게 작용합니다. 다른 모든 감정과 마찬가지로 불안도 그 감정을 제대로 인식하고 수용받으면 그때그때 해소가 됩니다. 하지만 그렇지 못하면 아이의 불안이 더 커지게 되니 불안을 먼저 인정해야 한다고 강조하고 있는 겁니다.

물론 엄마가 불안이 높다면 아이의 불안을 인정하는 게 쉽지 않습니다. 왜냐하면 자신도 자신의 불안을 인정받지 못했고 인정하지도 못했기 때문이죠. 육아라는 것이 내가 아이를 돌보는 것 같지만 결국은 나 자신을 돌아보게 되기 때문에 그것이 나를 성장하게 하는 기회를 주는 동시에 괴로움을 주기도 합니다. 엄마가 자기 자신의 감정을 이해하고 수용해야 아이의 감정도 수용하고 공감할 수 있게 됩니다. 그래야 불안을 활용해서 공부시키다가 불안을 더 높이게 되는 악순환에 빠지지 않습니다.

불안이라는 건 자연스러운 감정이지만 기질적으로 불안이 큰 아이들은 불안을 경험하는 상황도 많고 불안한 감정의 양도 많아서 그 감정을 그때그때 제대로 다루지 못합니다. 원래 아이들은 감정을 잘 다루지 못하는데 불안이 큰 아이라면 불안한 감정이 더 많이 쌓이게 됩니다. 불안이라는 감정을 해소하기 위한 특별한 비법이 있는 것은 아닙니다. 자신이 경험한 그 감정을 스스로 제대로 인식하고 이해하는 것만이 유일한 해소 방법입니다. 어른도 마찬가지예요. 불안하다고 회피하면 오히려 불안이 더 커집니다.

예를 들면 아이가 학교에서 친구들과의 관계에서 또는 공부 관련해서 불안을 경험했을 때, 그 감정을 자기 마음속에 그냥 담아 두는 경우가 있습니다. 최소한 집에 와서 엄마한테라도 얘기를 하면 불안이 줄어드는데 말이에요. 당장 해결책이 없더라도 그냥 내 입 밖으로 감정을 꺼내고, 듣는 사람이 나의 불안을 알아주면 그것만으로도 불안이 많이 사라집니다. 그것이 바로 상담치료를 하는 이유이기도 하죠. 어린아이들도 놀이치료를 통해서 그렇게 감정을 꺼내는 것이고요.

그런데 불안이 높은 아이는 불안하기 때문에 그걸 잘 못하는 거예요. 감정을 안 꺼내요. 감정을 꺼냈다가 또 어떤 불안한 상황이 될지 모르거든요. 예상되는 엄마의 반응이 내 불안을 더 크게 만들 것 같거든요. 그래서 엄마가 평상시에 감정 꺼내기 연습을 시켜줄 필요가 있습니다. 불안한 상황이 이미 닥친 후에는 당연히 연습이 안 돼요. 왜냐하면 불안이 너무 크니까요. 원래도 불안이 큰데 이미 불안한 상황이 닥친 후에는 더 커진 불안 감정 조절이 더 안 될 테니까요.

114

✦ 감정 표현 연습

감정의 종류는 매우 다양합니다. 감정을 표현하는 영어 단어만 2,600종이 된다고 해요. 감정을 표현하는 연습을 하기 위해서는 불안만 따로 연습하는 게 아니라 평상시에 아이가 자신의 마음을 가만히 들여다보고 그 다양한 감정을 자연스럽게 말해보는 겁니다. 불안이라는 감정은 사실 표면적인 감정이고, 불안의 이면에는 각자 다양한 감정이 숨어 있는 경우가 많습니다. 그 복잡한 감정을 제대로 인식하지 못하거나 억압되었을 때, 표면적으로 불안이라는 반응으로 그나마 느껴지는 것이죠.

문제는 감정을 표현하는 연습을 하려면 그 대상인 엄마가 내 말을 좀 들어줘야 하는데 그게 안 될 때입니다. 과거엔 엄마가 시간이 없는 것이 문제였어요. 요즘 엄마들은 아이들에게 많은 시간을 할애해서 말을 들어주고 싶어 하고 들어줄 준비도 되어 있습니다. 하지만 아이가 말을 안 해요.

"저는 아이와 대화를 하고 싶은데 아이가 무슨 고민이 있는 건지 말을 안 해요."

아이들이 엄마에게 말을 안 하는 데에도 다 이유가 있습니다. 엄마가 이야기를 들어주고 싶다고 말은 하지만 들어줄 때의 반응이 오히려 말문을 막히게 하거든요. 특히나 불안한 엄마는 편안한 마음으로 듣지 못하기 때문에 불안한 상황에 너무 몰입하고 감정이입을 해서 아이 이야기를 듣는 동안 표정이 굳고 불안한 모습을 보입니다. 차분한 반응을 보이려고 애써 노력해도 무의식적인 상호작용이 일어나서 아이에게는 엄마의 불안 반응이 전달됩니다. 그걸 보는 아이의 마음은 편안할까요? 아이가 엄마의 표정과 행동이 나에게 어떤 영향을 끼치는 것 같다고 논리적으로 생각하지는 못해도 편하지 않다는 것은 느끼고 다음에는 그 상황을 피하게 됩니다. 자기가 말을 털어놓는 상황의 분위기가 불편하거든요. 엄마는 더 불안해지고 예민해져서 더 아이의 일상에 간섭하고 아이도 더 불안해집니다. 이러한 과정을 머리로 생각해서 결정하는 게아니라 자동적으로 이야기를 안 하는 방식을 선택하는 겁니다.

아이와 대화를 할 때 가장 중요한 건 듣는 태도입니다. 공감을 해주고 아이가 감정을 표현하는 것을 연습시킬 때도 아이가 이야기하면 자연스럽게 들어줘야 합니다.

"네가 느낀 감정이 뭐야? 말해봐."

이렇게 취조하는 방식으로 말하면 절대 안 됩니다. 엄마가 감정관리를 잘해야 하는데요. 표정 관리를 하라는 말이 아닙니다. 감정 관리를 잘해야 해요. 표정은 관리를 할 수가 없습니다. 특히 아이들은 감각이 좋고 생각보다 눈치가 빠르고 분위기를 잘 느껴서 엄마가 "괜찮아. 얘기해봐."라고 말해도 표정이 굳어 있거나 긴장한 것처럼 보이거나 스트레스받는 것처럼 보이면 바로 압니다. 그래서 그런 가식은 더 이상 통하지가 않습니다. 아주 어린아이에게나 통하죠.

"불안도가 높은 아이에게 엄마표 공부가 도움이 될까요?"

상황에 따라 다르겠지만 엄마가 아이의 불안을 잘 관리할 수 있다면 도움이 될 겁니다. 그런데 가만 보면 엄마표 공부를 하겠다고 하는 엄마들은 대부분 불안이 높은 편입니다. 학원에 맡겨놓는 건 불안해서, 내가 통제하고 간섭해야만 나의 불안이 내려가기 때문에 엄마표 공부를 시작하는 것이라면 아이에게 좋은 영향을 주기는 어려울 겁니다. 아이는 악순환에 빠질 가능성이 큽니다. 그래서 '엄마표 공부가 도움이 될까?'를 생각하는 것보다 먼저 더 중요하게 생각해야 할 것은 '내가 왜 엄마표 공부를 하려고 하는가?'입니다. 이 질문은 모든 상황에 마찬가지로 생각해봐야 합니다. 뭔가를 시도할 때 내가 왜 그걸 하려고 하는지를 먼저 잘 생각하셔야 해요.

"초등학교 2학년이 된 여자아이인데 스스로 공부를 못한다고 생각해요. 저도 아이가 부족하다고 느끼지만 그럼에도 불구하고 잘할 수 있다는 얘기를 해주고 있는데요. 표정이나 말투를 보고 느낀 것인지 '엄마가 나를 믿고 진심으로 잘할 수 있다고 말하는 게 아니다.'라고 생각하는 것 같아요. 자기는 멍청하고 아무것도 못 하는 아이라고 비하하는 말을 너무 자주합니다."

아이가 이렇게 힘든 생각을 하고 있으면 그 마음을 달래고 바꿔주고 싶은 마음이 드실 겁니다. 그런데 이때 말의 순서를 신경쓰셔야 해요. 엄마가 원하는 바를 먼저 말하면 안 됩니다. 아이가 "나는 공부를 못하고 멍청해."라고 했을 때 "아니야. 너는 똑똑하고 뭐든 잘할 수 있는 아이야."라고 말하기보다는 먼저 아이의 마음을 그대로 받아들이는 거죠. "음. 그렇게 생각하고 있었구나." 하고 우선 인정해줘야 해요. 물론 엄마인 나는 그렇게 생각하지 않아도, 아이가 그렇게 생각하는 것이 왜곡된 마음일지라도 우선은 수용해줘야 합니다.

그다음엔 아이가 그렇게 생각하는 포인트가 무엇인지 파악해야 합니다. 분명히 있어요. 자기 친구와 비교해서 그럴 수도 있고, 동생과 비교해서 그럴 수도 있고, 어떤 과목을 잘 못해서 그럴 수도 있고, 점수 때문에 그럴 수도 있어요. 여러 가지 요인이 있을 거예요. 우선 아이의 마음을 그대로 인정해줘야 아이가 조금 열린 틈으로 이유를 표현할 수 있어요. 이유를 표현해도 바로 엄마가 하고 싶던 교정의 말을 하면 안 됩니다. 우선은 "그랬구나." 하고 인정하고 나서 더 구체적인 이야기를 할 수 있는 발판을 마련해주세요.

이 과정을 차근차근 거친 후에 맨 마지막에 잘할 수 있다고 희망을 주는 말을 하면 되는데요. 이 말은 사실 꼭 안 해도 되고, 하더라도 조심스럽게 아이 반응을 봐가며 해야 합니다. 희망을 주는 말도 그냥 기계적으로 반복하거나 지나치게 강조해서 말하게 되면, 불안한 아이는 또 생각이 많아지고 부담을 가지기 때문입니다.

'그러다 못하면 어떡하지? 엄마는 잘할 수 있다고 나를 믿어줬는데 내가 못하면 더 실망하지 않을까? 잘할 수 있는 사람인데도 못하면 나는 형편없는 사람인가?'

그래서 잘할 수 있다는 말도 아이의 반응을 보면서 조절해야 합니다. 조금 더 구체적으로 쪼개서 말해보는 거죠. '잘한다'와 '못한다'의 기준이 무엇인지도 잘 가르쳐줘야 합니다. 아이들은 단순하게 점수만 가지고 잘한다, 못한다를 판단하기 쉽거든요. 그게 아니라 점수는 계속 쌓아가는 것이고 점수보다 더 중요한 것은 태도라는 것을 알려줘야 합니다. 아이가 공부하는 과정에서 꾸준히 열심히 하나하나 해나가면서 스스로 성장하고 있음을 느끼는 게 중요하다는 것을요. 아이가 타인과 자신을 계속 비교한다면 그것 또한 비교의 대상은 남이나 형제가 아니라 나의 과거라는 것, 그래서 어제의 나보다 조금 더 성장하는 사람이 되는 게 중요하다는 가치관을 심어줘야 합니다.

그런데 문제가 있어요. 엄마에게 그런 가치관이 없다면 어떻게 그런 얘기를 해주겠습니까? 그래서 **아이의 공부정서를 다룰 때 역시 중요한 것은 '엄마의 공부정서'입니다.**

많은 분들이 공부에 대한 정서가 좌절감이라면 자신도 모르게 그것을 해결하기 위해 내 아이는 좌절감을 느끼지 않게 해주겠다는 마음으로 큰 부담감을 안고 아이를 대합니다. 그리고 아이는 엄마의 그런 태도를 느끼죠. 아이는 엄마의 표정만 봐도 알아요. 다른 일상에서 보이는 엄마의 태도와 공부에 대한 엄마의 태도가 분명히 차이가 나니까요. 그래서 엄마는 먼저 자신의 마음을 관리해야 하는 거예요. 자신의 공부정서를 들여다보고 솔직하게 직면해야 합니다. 아이를 키우는 엄마로서 마음을 들여다보는 게 아니라, 아이와 상관없이 그냥 자신의 마음을 들여다보는 연습을 하는 게 진짜 중요합니다. 그래야 엄마가 조금씩 편해지고 아이를 편하게 대할 수 있습니다.

조금 더 전문적으로 말씀드리면 공부에 대한 불안이 높아지고 낮아지고 하는 데에는 물론 아이의 기질도 작용하지만 아이가 어떤 가치관을 가지고 있는가도 크게 영향을 미칩니다. 점수는 '성취'이고, 좋은 대학에 가는 건 '이용 가치'예요. 즉 '내가 성장한다.

점수가 잘 나온다.'는 생각은 성취 가치이고 '좋은 대학에 가서 무엇을 한다.'는 그 수단으로써 이용할 이용 가치죠. 그런데 이런 성취 가치나 이용 가치 모두 불안을 높여요. 아이가 성취를 못하면 낙담할 테니까요. 좋은 대학에 못 가면 실패하는 거라고 생각하니까 더 불안해지죠. 그래서 이용 가치보다는 내재적 가치, 스스로 성장하고 있다는 그 느낌, 또는 공부를 통해서 호기심이 충족되고 무언가를 알아가는 느낌, 재미, 흥미 같은 가치들을 잘 가지도록 도우며 불안을 낮춰주는 것이 중요합니다. 공부를 하면서 불안이 낮아지니 특히나 불안한 아이들한테는 더 선순환이 되죠.

✦ 예측 가능한 환경

가뜩이나 공부라는 건 새로운 정보의 연속이고, 학년을 올라갈 때마다 과목이 계속 바뀌며 새로운 걸 배우게 되기 때문에 완벽하게는 아니더라도 어느 정도 예측 가능한 환경을 만들어주는 것이 불안을 가라앉히는 데 큰 도움이 됩니다. 예를 들면 일정이나 규칙을 미리 알려주는 거죠. "다음 주부터 학원 옮기기로 했어."라고 갑자기 통보하는 게 아니라 그런 계획이 있을 때부터 미리 알려주는 거죠. 그 과정을 함께하면 더 좋고요. 아이가 마음을 미리 준비할 수 있도록 충분한 시간 여유를 주는 게 좋습니다. 불안한 아이는 갑자기 닥치는 일을 굉장히 힘들어하거든요.

예측하지 못했던 상황이 벌어지는 것은 단순히 학원을 옮기면 새로운 선생님께 새로운 교재로 새로운 내용을 배운다는 정도에서 그치지 않아요. 아이는 이미 학원으로 가는 길부터 불안합니다. 평소 다니지 않던 익숙하지 않은 길을 가는 것도 스트레스죠. 새로운 친구들과 어울리는 건 상상할 수도 없고 그냥 가만히 앉아 있는 것 자체가 신경 쓰이고 불안하고 힘듭니다. 새로운 선생님을 만나는 것, 새로운 교실 분위기, 모든 게 낯설고 불안합니다. 그래서 변화할 일이 생긴다면 최대한 미리 알려주고 마음의 준비를 할 수 있도록 도와주는 것이 매우 중요합니다.

"저는 공부에 대한 정서가 좋지 않은데 아이의 공부정서를 잘 키워줄 수 있을지 걱정이에요."

사람마다 공부정서가 다른데, 엄마의 공부정서가 긍정적이지 않다면 고민이 되실 겁니다. 사실 공부에 대한 가치관은 엄마의 영향을 많이 받을 수밖에 없어요. 엄마의 기준을 따르게 되는 것이죠. 엄마의 기준을 배운다는 것은 가치관과 관련된 감정을 배우는 겁니다. 예를 들어 어떤 일을 성공했을 때 자부심이라는 감정을 느끼고, 실패했을 때는 좌절감을 느끼는 거죠. 실패했을 때 좌절을 느낄 수는 있지만 내가 너무 부끄럽고 형편없게 느껴질 것까지는 없잖아요. 그런데 수치심을 느끼는 사람이 있고 그 감정은 엄마의 영향을 받았을 확률이 큽니다. 참 신기하게 엄마가 그런 감정을 가지고 있으면 그게 티가 나요. 그래서 그런 가치관과 감정을 가진 엄마는 아이가 시험을 못 보면 말은 안 해도 표정과 온몸에서 드러나게 됩니다. 아이는 그걸 경험하면서 '아, 시험을 못 보는 건 부끄러운 거구나. 수치스러운 거구나.' 하고 느낍니다.

특히 어린아이일수록 엄마의 사랑과 인정을 받고 싶은 욕구가 크고 의존 욕구가 크기 때문에 자연스럽게 엄마의 그런 가치관과 감정을 받아들이고 거기에 부합하려고 애를 써요. 그래서 공부를 하는 것이죠. 그게 일시적으로는 잘되는 것처럼 느껴지겠지만 장기적으로 봤을 때는 그렇지 않습니다. 저는 그러한 실제 사례를 거의 매일 봅니다. 청소년기에 특히 공부가 안 되고 성인 다 되고 대학에 가서도 공부, 배우는 것에 흥미를 잃어버린 경우가 많습니다.

"내면의 힘을 길러주는 게 어려워요."

내면의 힘이라는 말은 여러 가지 개념으로 해석될 수 있지만, 제가 정신과 의사로 지내면서 제일 중요하게 생각하게 된 내면의 힘은 바로 자기 감정을 놓치지 않는 것입니다. 아이들은 자기 감정을 놓치지 않아요. 어리면 어릴수록 감정에 충실합니다. 울고 떼쓰고 소리 지르며 감정대로 행동하죠.

그런데 자주 억압되고 혼나게 되면 감정으로부터 멀어집니다.

그건 훈육이 아니에요.

그렇게 자기 감정으로부터 멀어지면 내면의 힘이 약해지고 맙니다. 성장하면서 자아가 점점 견고해져야 하는데 자아가 점점 약해집니다. 자기 정체성이 점점 생겨야 되는데 점점 약해집니다. 그 자체로도 문제인데, 부정적인 정서들이 동반됩니다. 독립 욕구나 자유 욕구가 훼손된 느낌, 내가 없는 느낌, 존중받지 못하는 느낌, 부끄러운 느낌, 수치심으로 이어지는 거예요.

"그렇다면 내재적 가치를 어떻게 키울 수 있을까요?"

이것도 강의할 때마다 많이 받는 질문인데요. 내재적 가치는 타인이 키워주는 것이 아니라 아이가 자연스럽게 엄마의 말과 행동을 통해 상호작용하며 형성하게 되는 것입니다. 따라서 평상시 엄마의 가치관, 엄마가 쓰는 단어, 뉘앙스, 표정 등이 은연중에 굉장히 깊게 각인되는 거예요. 이를 '모델링modeling'이라고 하는데, 엄마가 하는 대로 보고 배운다는 뜻입니다. 특히나 가치관은 모델링이 강하게 작용합니다. 여러분 역시도 여러분의 부모를 모델링했을 거예요. 그래서 여러분 자신이 어떤 가치를 갖고 있는지 이해하는 것이 매우 중요해요. '나는 어떤 사람인가? 나는 세상을 어떻게 바라보고 있는가? 무엇을 중요하게 여기는가?' 등등에 대해서 생각해보며 자신을 이해해야 합니다. 엄마가 먼저 자신에 대한 이해를 해야 한다는 말이에요. 여러분에게 특별한 가치관이 없다면 아이에게 있는 척해선 안 되고요. 지금부터 그 가치관을 만들어가면 됩니다.

여러분에게 중요한 가치가 무엇인지를 차근차근 생각해보면 되는데요. 앞서 언급했듯이 여러분의 가치관을 하나하나 돌아보면 사실 부모에 의해 형성되었을 겁니다. 최대한 나만의 가치관을 만들기 위해 나의 부모가 심어준 가치들을 제거하다 보면 결국 아무것도 남은 게 없어서 결국 '지금까지 나만의 가치관은 가진 적이 없었던 것인가?' 하고 뒤늦게 깨닫는 사람들도 많습니다.

특히 한국 사회에서는 부모가 가르친 대로, 부모에게서 보고 배운 대로 가치를 답습하는 경우가 많죠. 부모와 반대되는 가치관을 가지고 있다고 생각하는 사람도 알고 보면 자기의 가치관이 명확한 게 아닌, 부모에 대한 반감으로 반대되는 가치관을 가지게 된 경우가 많습니다. 스스로 고민하고 시행착오를 겪고 갈등을 통해 어떤 가치를 터득하는 경우가 의외로 많지 않습니다.

그렇다면 이제 스스로 만들어가면 됩니다. 아이를 키우는 건 엄마에게 성장의 기회를 주기도 합니다. 아이를 어떻게 키울 것인가를 고민하면서 엄마도 가치관을 만들어가고 함께 성장해가는 것이죠. 그런데 가치관을 만들려면 생각도 많이 해야 하고 복잡하니까 대부분의 엄마들이 쉽고 간단한 방법으로 아이에게 가치를 주입하려고 합니다. 단기적으로는 효과가 있겠지만 시간이 지나면 그게 아니었다는 걸 알게 되실 거예요. 한 사람의 인생에서 '공부'는 매우 긴 과정입니다. 최소 12년이고 더 길어질 수 있어요. 사람이 평생 공부하면서 성장해야 한다는 걸 생각하면 평생 동안 이어질 과정입니다.

예민한 아이

예민한 아이와 불안한 아이는 여러 면에서 비슷하지만 예민한 아이에게서 잘 살펴보아야 할 부분은 '감각'입니다. 예민한 아이도 당연히 감정의 영향을 많이 받지만 감정도 감각에 의해서 영향을 받는 게 많습니다. 감각에는 시각, 청각, 촉각, 미각, 통각 등이 있죠. 예민한 아이들은 이 중 일부 또는 거의 모든 감각이 뛰어나다고 보시면 됩니다. 귀도 예민하고 눈도 예민하고 촉각도 예민해요. 또한 소위 '육감'이라고 하는 뭔가 말로는 설명하기 힘든 분위기, 모든 감각들이 다 작용하는 그 분위기 같은 것에도 예민하죠.

그래서 다른 애들은 괜찮다고 하는데 유독 내 아이만 예민하게 느끼는 경우들이 너무 많아요. 새로운 공간, 새로운 사람, 익숙하지 않은 여러 환경 등 많은 면에서 그렇습니다.

공부는 익숙하지 않은 것들을 계속 경험하는 과정인데 새로운 과목을 배우는 것만으로도 아이는 예민해집니다. 학교, 학원, 새로운 선생님, 새로운 친구, 모두 다 자극이 되죠. 예를 들어 수학 과목을 배우는데 연산을 배운 후에 다음 단원에서 도형을 배울 차례가 되었다고 해보죠. 연산은 익숙한데 도형은 익숙하지 않을 겁니다. 숫자가 아니라 그림이 나오고 계산 능력이 아니라 공감각적인 능력을 활용해야 하는 상황이 예민한 아이들을 더 예민하게 만든다는 겁니다.

이때가 굉장히 중요한 포인트인데요. 예민한 아이는 불편하니까 불안해지고 더 짜증이 나고 잘 못할까 봐 두려울 거예요. 그러면 매사에 짜증 내고 숙제라도 하라고 하면 화를 내요. 엄마가 많이 힘들어지죠. 이때 아이가 짜증을 내는 것에 초점을 맞추는 게 아니라 '짜증 내는 마음의 이면', '감정의 흐름'에 초점을 맞춰야 합니다.

'아이가 감각적으로 어떤 것을 느끼고 있는 것일까?'

'상황이 바뀌면서 받은 감각적인 자극들을 마음에서 처리하는 것인데, 어떤 감정이 만들어지는 것일까?'

이렇게 차근차근 생각해보셔야 해요. 먼저 불안과 두려움이라는 감정을 가장 먼저 느낄 텐데, 사람은 불안하고 무서워지면 가장 쉽게 선택하는 방법이 있는데 바로 회피입니다. 그리고 이 회피 전략은 공부에서 가장 자주 일어나죠. 예를 들면 이런 겁니다.

- 문제집을 풀 때 아는 문제만 푼다.
- 자기가 잘하는 과목만 공부한다.
- 좋아하지 않는 과목이라도 자신 있는 단원이 있다면 그것만 공부한다.

공부를 한다는 것은 내가 모르는 걸 배우면서 지식을 넓혀나가는 것인데, 모르는 걸 보면 불안해서 피하고 새로운 걸 싫어하니 공부하는 게 점점 더 힘들어지게 됩니다. 아는 것만 공부하니까 재미도 없고 성적도 잘 오르지 않고요. 회피를 하면 발전이 없는 것도 문제지만 더 큰 문제는 이 악순환이 감정에 영향을 준다는 것이에요. '나는 안 되는구나. 벽을 못 넘는구나.' 하는 좌절감에 빠지는 거죠. 취약한 과목에 도전해야 공부를 잘할 수 있는데, 예민한 아이에겐 그 도전을 하는 게 너무 어려운 일입니다. 그렇게 좌절된 감정을 경험하다 보면 인지 영역에도 나쁜 영향을 줍니다.

'나는 부족해. 나는 못 해. 나는 머리가 나빠. 나는 수학을 못 해.'

이런 식으로 인지적인 고정관념이 생기고 왜곡이 생기고 그다음에는 더 회피하게 돼요. 그래서 엄마가 이런 흐름을 잘 이해하고 있어야 합니다. 아이의 마음속에 이런 흐름이 만들어지고 있다면 엄마가 해줘야 할 일이 있습니다.

기본은 공감입니다. 불안한 아이에게 했던 것처럼 공감해주는 거죠. 그런데 마찬가지로 아이가 예민하면 엄마도 예민할 확률이 높아서 예민한 아이의 행동을 수용하기가 쉽지 않을 겁니다. 너무 지나친 이입을 하게 되거든요.

예민한 기질이 문제가 되는 성격으로 바로 이어지는 것은 아니에요. 굉장히 장점이 많고 재능이 많고 섬세함을 가지고 할 수 있는 영역들이 많아요. 굳이 예술 영역이 아니더라도 모든 영역에서 발휘할 수 있는 능력이 많습니다. 그런데 아이가 예민함을 수용받지 못하고 존중받지 못하면 '예민한 건 나쁜 것'이라는 인지가 생깁니다.

예민한 엄마가 예민한 아이를 키우기는 너무 힘들어요. 수용하기가 너무 어렵거든요. 엄마가 자기의 삶에서 부정적인 경험을 많이 했기 때문에 자신의 아이도 그런 경험을 할까 봐 염려합니다. 그래서 어떻게 해서든지 바꿔주고 싶은 마음이 듭니다. 자신의 눈앞에서 아이의 예민함을 보는 게 너무 괴롭기 때문에 순간적으로 감정적이거나 충동적으로 대할 수밖에 없어요.

"뭘 그런 걸 가지고 그래? 그냥 하면 되지. 그럴 거면 학원 끊어!"

이처럼 돌아서면 후회할 말을 할 수도 있어요. 그러면 아이 역시 수용을 못 받고 오히려 비난을 받게 되는 거고요. 결과적으로 아이의 예민함은 줄어드는 게 아니라 더 커집니다. 아이들이 자라면서 크고 작은 도전을 하고 그 과정에서 감각적인 예민함도 자연스럽게 해결하며 발달하는 것인데 예민한 아이들은 그 과정을 거치질 못합니다. 왜냐하면 스스로 '나는 할 수 없을 거야.'라는 고정관념이 생겨서 회피가 강화되고 도전을 안 하는 걸 선택하거든요. 온실 속 화초처럼 지내면 예민함은 더 커집니다. 여러 자극이나 감각에 익숙해지면서 적응하는 과정이 생략되는 것이죠. 아이도 그렇게 되고 더 중요한 건 엄마도 그렇게 됩니다. 그래서 예민한 아이를 대할 때는 두 가지 트랙을 유지해야 합니다.

TRACK 1: 아이의 마음에 공감해주기
TRACK 2: 할 수 있는 선에서 도전하도록 유도하기

✦ 공감해주기
아이의 행동 이면에 있는 감정의 흐름을 따라가면서 공감해주

는 것이 첫 번째 트랙입니다. 그리고 공감에서 멈추면 안 되고 그다음 행동을 해야 하는데요. 여러 자극이 두려워 회피하고 멈춰 있지 않도록, 좀 더 도전해갈 수 있도록 유도해주는 것입니다. 어렵고 힘들어하는 아이의 감정에 공감하고 존중해주면서 강압적이지 않은 방식으로 행동을 조절해주는 것이죠. 이때 엄마의 감정이 편안해야 해요. 너무 부정적으로 치우쳐 있거나 불안한 상태라면 아이의 마음에 공감하고 도전을 유도하기가 쉽지 않을 거예요. 아이의 마음에 공감하려면 엄마 자신의 감정을 돌아보는 과정이 필요합니다. 그래야 자연스럽게 아이를 대할 수 있으니까요. 말로만 "그랬구나."라고 하는 게 아니라 엄마의 마음이 아이의 마음과 상태를 수용할 수 있는 상태가 되면 아이가 자연스럽게 느낍니다. 반대로 엄마가 괜찮다고 말해도 불안하다면 '엄마가 나의 예민한 성격을 안 좋아한다는 것, 걱정한다는 것'이 모두 다 전달됩니다.

"긍정 메시지를 많이 주면 아이가 부모님이 내 편이라고 생각하게 될까요?"

제가 자주 받는 질문이기도 하고 너무나 중요한 질문입니다. 앞에서도 언급했듯이 아이에게 긍정적인 메시지를 심어줘서 아이의 정서를 무無에서 유有로 만들어낸다고 생각하시면 안 됩니다. 정서라는 것은 자연스럽게 이미 아이한테 있는 거예요. 순간순간의 감정이 아이에게 있고, 그런 감정 경험이 반복되며 거시적인 형태의 정서가 형성됩니다. 긍정적인 정서를 만들어내기 위해 엄마가 무언가를 입력하는 게 아니라 순간 순간의 아이 감정을 옆에서 잘 읽어주는 게 중요합니다. 긍정 메시지를 자주 얘기한다고 해서 없는 긍정적인 정서가 생기진 않아요. 이미 매 순간 아이는 느끼고 있는 감정들이 있어요. 그게 긍정적일 수도 있고 부정적일 수도 있죠.

숙제를 예로 들면, 숙제를 하다가 잘 풀려서 '너무 좋아. 뿌듯해.' 라고 느꼈다면 성취감 같은 긍정적인 감정을 느끼게 되고, 숙제를 하다가 막히면 '어, 너무 못하는 거 같아. 부족한 거 같아.'라고 생각했다면 좌절감 같은 부정적인 감정을 느끼게 됩니다. 이게 반복적으로 경험되며 정서가 됩니다. 그러면 엄마는 이쪽도 같이 공감해주고 저쪽도 공감해주며 그때그때 이 정서를 함께 읽어줘야 해요. "너 지금 숙제가 잘 돼서 기분이 좋구나." "숙제가 안 풀려서 속상했구나." 하고요. 아이가 대충 느끼고 있는 것을 분명하게 언어화해서 자기가 인식할 수 있게 해줘야 해요. 그리고 옆에서 그 정서에 대한 편이 되어주는 부모의 역할을 계속하는 것, 그것이 바로 아이의 정서가 지켜지는 과정이고 내면이 강화되고 자아가 견고해지는 과정입니다.

✦ 도전 유도해주기

예민한 아이들은 스트레스나 압박감을 느낄 때 내향적으로 변하고 자신의 감정이나 생각을 표현하지 않고 혼자 해결하려고 하는 경향이 있습니다. 외부와의 접촉도 최소화하고 가만히 있으려고 해요. 움직이다 보면 뭔가에 부딪히거나 닿을 수 있는데 이런 자극이나, 새로운 걸 자꾸 경험하게 되는 자극이 낯설고 힘들기 때문이에요. 공부할 때도 마찬가지로 이런저런 시도를 해보고 부딪쳐보려고 하지 않고 익숙한 것만 하려 하며 약간의 자극도 피하려고만 합니다.

그래서 아이가 평상시에 최대한 활동을 많이 하도록 만들어줘야 돼요. 여가 시간이나 쉬는 시간에 몸을 쓰는 거죠. 굳이 제대로 된 운동을 하지 않아도 되고요. 보드게임이라도 하면서 뭔가를 만지고 보고 듣는 걸 자주 경험하게 해야 합니다. 그렇게 하도록 도와줘야 해요. 예민한 아이라고 해서 자극을 받지 않도록 조심하는 건 문제 해결 방법이 아닙니다. 그렇다고 마구 밀어붙이는 것도 당연히 아이를 위한 게 아니고요. 아이의 반응을 살피고 소통하면서 활동하게 도와줘야 합니다. 이러한 활동은 단순한 움직임의 의미만 있는 게 아니라 아이가 예민함을 조절할 수 있는 능력을 갖도록 도와줍니다.

예민한 아이는 자신의 감정에 압도되어서 스스로 앞으로 나아가는 것에 어려움을 느낍니다. 엄마가 옆에서 새로운 환경에도 잘 적응할 수 있도록 도와야 하는데요. 공부를 할 때는 난이도 조절하는 걸 도와줘야 합니다. 새로운 과목, 새로운 단원을 접했을 때 보통 아이들처럼 아이가 알아서 적응하길 바라는 마음은 버려야 해요. 아이가 막막해하고 어려움이나 두려움을 느끼는 걸 감지했다면 그걸 조절해줘야 합니다. 예민한 아이들은 학원이 잘 맞지 않을 수 있어서 학원에 맡기기보다는 엄마가 잘 살피면서 공부 방법을 찾아주는 게 좋습니다. 예를 들어 요즘 학원 시스템을 보면 특히 수학의 경우 3시간씩 수업을 합니다. 쉬는 시간도 아주 짧고요. 그런 시스템이 성적을 올리는 데 효율적인 것처럼 광고를 하고 실제로 단기적으로 성적이 오르기도 합니다. 아이마다 기질이 달라서 모든 아이들이 그런 시스템에 맞는 것도 아닌데, 그 학원이 성적을 잘 올려서 유명해지면 다른 학원들도 그런 시스템을 따라가고 그래야만 등록률이 올라가는 생태계가 만들어집니다. 그런데 불안감이 높고 예민한 기질의 아이가 압박감이 있는 분위기를 버틸 수 있을까요? 그런 환경에 취약해서 힘들어합니다. 이때 부모가 조절을 해주는 겁니다. 학원에서 반을 옮기거나 아예 학원을 옮기는 거죠. 요즘은 유명한 학원의 높은 레벨 반에 들어가는 것으로 경쟁을 붙이기도 한다는데 그게 정말 아이를 위한 것인지는 생각해봐야 합니다. 길게 봐야 해요. 10년 이상 해야 하는 공부입니다. 자칫 아이에게 공부할 때마다 힘들고 부정적인 정서, 위축된 정서를 만들어주게 될지도 모릅니다.

'다른 아이들은 다 잘하는데 나는 왜 이 모양이지?'

'왜 이렇게 못 견디게 힘들고 하기 싫을까? 왜 뛰쳐 나오고 싶어지는 걸까?'

이런 감정을 반복적으로 경험하면서 괴로움이 생기면 자기에 대해서도 부정적으로 인지할 수밖에 없습니다.

'나는 뭔가 부족한 사람이야.'

그렇게 자존감이 낮아지다 보면 결국 공부를 가장 열심히 제대로 해야 하는 시기에 지장을 주게 됩니다. 이런 경우에 자존감이 낮아지는 과정은 이렇습니다. 어떤 상황에서 감정이 자극되는데 그 감정을 관리하지 못하면 헤어 나오지 못한 채 해야 할 일을 못하게 됩니다. 이렇게 실패와 좌절의 경험을 반복하면 자존감이 낮아지기가 쉽습니다. 자신의 감정을 잘 조절해서 계획대로 하지 못하고, 감정 때문에 좌지우지되고, 부족한 사람이라고 자책하며 왜곡하여 잘못된 자기 평가를 하는 것이죠.

그래서 엄마가 환경을 조절하고 왜곡을 조절해줘야 하는데요. 이를 위해서는 소통하는 방법밖에 없습니다. 아이가 자신에 대해 부정적이고 왜곡되게 인지하고 있는지를 자세히 관찰해야 합니다. 아이의 행동이나 표정에서 살피고 그것을 감지했으면 엄마가 원하는 대로 그 인지를 바꿔주려고 하기보다는 "그렇구나. 그런 생각을 하고 있었구나." 하고 일단 수용하면서 그렇게 생각하는 근거를 들어보고 그 근거가 되는 상황에서 아이가 느낀 감정과 생각을 들어주는 겁니다. 이러한 소통을 하다 보면 어떤 식으로 아이의 인지가 왜곡되었는지 큰 흐름을 이해할 수 있게 될 겁니다. 그러고 나서는 그렇지 않을 수도 있음을, 다른 관점도 있음을 안내해주는 게 필요합니다.

처음부터 "아니야. 너는 그런 아이가 아니야. 잘할 수 있어." 이런 식으로 직설적이고 단순하게 반응하면 아이가 거부감을 느낄 수 있어요. 이런 식으로 생각하게 됩니다.

'엄마가 내 말은 안 듣는구나.'
'엄마는 또 하고 싶은 말만 하는구나.'
'부모님 말씀이 이해는 되는데 나는 그렇게 안 돼. 자꾸 부정적으로 생각하는 내가 이상한 사람인가 봐.'

예민한 아이는 그 정도로 불안하고 민감합니다. 조급한 마음에 억지로 아이를 원하는 쪽으로 몰아간다고 해도 그렇게 쉽게 바뀌지 않습니다. 돌아가는 것 같아도 우선 아이의 감정에 공감해주며 서서히 다른 관점을 제시해주는 전략을 기억하세요.

의욕이 없는 아이

아이가 의욕이 없어 보이는 문제로 고민하시는 엄마들도 참 많습니다. 다른 아이들을 보면 뭐든 적극적으로 참여하고 놀기도 잘 놀고 숙제도 잘 챙기고 눈에 생기가 돌거든요. 그런 걸 보면서 우리 아이도 저렇게 진취적이고 도전적이면 좋겠다고 기대하게 되는데요. 이 부분도 역시 기질의 영향이 크긴 하겠지만 어떤 방해 요인 때문에 의욕이 없어지는 경우도 흔하기 때문에 주변 환경을 개선해주는 것으로도 의욕을 찾게 하는 데 도움이 됩니다.

✦ 자율성

의욕은 갑자기 나타나는 게 아니라 전제되어야 할 조건들이 좀 있습니다. 예를 들어볼게요. 여러분이 처음 부모가 되었던 순간을 떠올려보세요. 아이를 키우면서 의욕이 마구 솟아났었나요? 처음에는 소중한 내 아이를 최선을 다해 잘 키우겠다는 마음이 가득 차 의욕이 반짝반짝하지만 점점 힘이 들고 무기력해지는 경험을 해보셨을 거예요. 심각한 경우엔 삶의 목적을 잃고 우울감에 시달리게 되기도 하죠.

왜 그런 걸까요? 부모의 역할은 너무나 중요하고 아이도 참 사랑스러운데 왜 나의 의욕은 떨어지는 것일까요? 의욕은 "열심히 하자. 힘내자." 등의 구호나 주문으로 생기는 게 아니기 때문입니다. 의욕에는 전제 조건이 있는데요. 바로 '자율성'이라는 것입니다.

자율성이란 스스로 자기가 하고 싶은 것을 하고 싶은 만큼 선택해서 자기 주관이 많이 들어가는 경험을 하면서 만들어집니다. 그런데 아이를 키우다 보면 어떤가요? 엄마의 자율성은 어떻게 되나요? 굉장히 줄어듭니다. 모든 생활이 아이 중심으로 돌아가니까요. 엄마가 하고 싶은 대로 하는 게 아니라 아이가 원하는 대로 맞춰야 합니다. 엄마의 뜻보다는 아이의 욕구에 맞추고 아이를 위해서 양보하고 희생하며 삽니다. 그렇게 몇 년을 살다 보면 점차 갈등도 사라집니다. 뭔가 하고 싶은 충동이나 욕구를 만족시키지 못해서 생겨나는 괴로움은 없지만 의욕도 역시 함께 없어지니까요. 에너지가 없고 동기가 없고 삶의 낙이 없어요. 왜 그렇게 됐을까요? 여러 가지 이유가 있겠지만 가장 중요한 이유는 자율성이 훼손됐다는 거예요. 자율성, 즉 자기주도성은 인간의 본능이며 너무 중요합니다. 그게 훼손되면 처음엔 너무 괴롭지만 나중에는 그런 괴로움 자체를 없애기 위해 스스로 벽을 칩니다.

'나는 뭐 별로 하고 싶은 거 없어.'
'별로 원하는 게 없어.'

이런 식으로 무언가 하고 싶은 마음 자체가 들지 않도록 욕구의 벽을 치는 겁니다. 스스로 삶에 적응하고 살아가기 위해 방어기제를 만드는 건데요. 문제는 그 생각이 계속 이어지다 보면 실제로 점점 의욕이 없어지게 된다는 겁니다.

특히 아이들이 이런 상태가 되면 더 문제가 되겠죠. 아이들은 하나하나 배울 게 많고 경험할 게 많은데 이러한 방어기제를 가지게 되면 의욕이 없어지고 세상에 대해 알아가며 새로운 것을 경험하는 데 많은 제한이 걸리게 될 겁니다.

자율성은 의욕의 기본적인 조건입니다. 자율성이 있어야 의욕이 자라날 토지가 생깁니다. 그래서 아이가 의욕이 없는 것 같다는 느낌이 든다면 우선 점검해봐야 할 부분이 바로 자율성입니다. 엄마가 아이한테 스스로 선택해야 하는 영역을 얼마나 주고 있는지를 잘 따져보시면 굉장히 좋습니다.

가끔 이렇게 말씀하시는 분도 있습니다.

"우리 애는 늘 의욕은 넘쳐요. 그런데 공부에만 의욕이 없어요. 자기가 좋아하는 게임을 하거나 만화책을 볼 때만 집중력이 높고 신나 있어요."

이건 의욕이 있는 걸까요? 없는 걸까요? 의욕이 없는 겁니다. 어린아이나 청소년의 우울증은 성인의 우울증과 모습이 약간 다른데요. 성인은 우울증을 겪으면 원래 좋아하던 것에도 흥미를 잃고 의욕을 잃지만 아이들은 우울증이 와도 게임은 열심히 합니다. 오히려 더 열심히 하죠. 그래서 중독이 되기도 하고요. 그런데 많은 엄마들이 이해를 못 하고 있습니다. 아이들이 우울증 때문에 의욕이 없어졌다는 걸 몰라요. '공부하기 싫으니까 딴짓하고 딴생각하는 거다. 의지가 부족하다. 에너지는 있는데 딴 쪽으로만 쓴다.' 이런 식으로 오해를 합니다.

아이는 무기력해질 때 유튜브 영상이나 게임, 만화책 등 자극적인 것에 더 몰입함으로써 자신의 감정을 더 가리고 피하려고 합니다. 그래서 아이가 좋아하는 것에는 잘 집중한다고 해서 의욕이 있는 상태라고 오해하면 안 됩니다. 그게 진짜 의욕이 없는 상태입니다. 공부란 게 원래 재미없고 심심하지만 계속하다 보면 재미를 붙일 수 있는 영역이기도 합니다. 문제는 공부라는 정신적인 활동을 하는 데는 에너지가 필요하다는 것이죠. 영상을 보거나 게임을 하는 데는 에너지가 크게 필요 없기 때문에 의욕이 없어도 얼마든지 몰입할 수 있습니다. 하지만 의욕이 없으면 정신적 에너지가 드는 활동에 몰입하기가 쉽지 않습니다.

이렇게 의욕이 없어 보이는 식으로 정신적 에너지가 떨어진 상태에서 우울증이 흔하게 나타납니다. 불안장애로 나타나는 경우도 굉장히 흔합니다. 원래 분리불안이 있었거나 기질적으로 불안이 많은 아이들에게 더 잘 나타나겠지만 기질적으로 그렇지 않아도 어떤 커다란 스트레스 상황을 경험했을 때 불안이 자극되기도 합니다. 전학을 간다거나 새학기가 되어 새로운 친구들과 만나며 갈등을 겪는 등 여러 가지 스트레스를 겪고 겁을 먹고 두려워할 수 있는 거죠. 심한 경우에는 등교를 거부하기도 합니다. 주말에는 기분이 좋았는데 일요일 밤부터 학교 갈 걱정에 마음이 불편하고 불안해지고요. 직장인들이 월요병을 겪는 것과 비슷하기도 한데요. 이런 현상이 모두 불안장애의 현상입니다.

우울증이든 불안장애든 모두 감정적으로 매우 큰 에너지가 소모됩니다. 에너지가 이미 없는 상태인데 더 큰 소모까지 일어나는 거죠. 불안은 그냥 불안을 느끼는 것으로 끝나지 않고 아이 스스로 나름대로 그 감정을 정화시키려는 노력을 하게 됩니다. 의식해서 하는 게 아니라 본능적으로 자기 마음 안에 있는 그 불편한 감정을 없애려는 노력을 엄청나게 열심히 해요. 감정 에너지를 마구 소모하면서 견디고 참고 억누르는 거죠. 그렇게 에너지가 소모되면 결국 정말 집중해야 하는 것에는 쓸 에너지가 없어지게 됩니다. 뇌 활동에 쓸 에너지가 없는 거죠. 그러니까 의욕이 없는 거예요.

그리고 우울증과 불안장애 외에 나타나는 흔한 증상이 앞서 여러 번 언급했던 강박증입니다. 굉장히 흔합니다. 특히나 최근 아이들이 코로나19를 3년 동안 겪으면서 스트레스 반응이 급격하게 늘었는데요. 적절한 신체 활동이나 야외 활동을 통한 감정 해소를 많이 못했기 때문이에요. 이게 차곡차곡 쌓이다 보면 강박으로 나타납니다. 강박증의 증상은 강박사고와 강박행동이 있는데, 강박사고는 어떤 생각 하나에 꽂혀서 계속 거기에만 몰두하는 것이고 강박행동은 특정 행동을 계속 반복하는 겁니다.

강박행동은 눈에 보이니까 엄마가 잘 발견합니다. 같은 행동을 자꾸 반복하거나 선을 안 밟으려고 하거나 뭔가 흘린 게 있나 실수를 한 게 있나 자꾸 확인하기도 합니다. 이러한 행동은 눈에 보이니까 그나마 문제를 알 수가 있습니다. 그런데 강박행동 중에서도 머릿속에서 생각으로 행동하는 것은 발견하기가 어렵습니다.

생각으로 행동하는 강박이 나타나면 아이가 자기만의 생각에 빠집니다. 어떤 의미 있는 생각이 아니라 무언가를 확인하는 생각에 빠지는 건데요. 예를 들면 엘리베이터를 기다리는데 7층에서 내려오는 걸 봤다면 짝수층에서 내려오는 것도 한 번 더 봐야만 엘리베이터를 타는 경우도 있습니다. 그래야만 마음이 편해져서 짝수를 계속 찾는 규칙성에 집착하고 정신적 에너지를 쓰는 거예요. 혹은 엘리베이터를 대기하고 있는 사람의 수가 몇 명이 되어야 한다, 시계를 봤다면 초침이 12까지 가는 걸 꼭 확인해야 한다 등 다양합니다. 생각으로 행동하는 것도 몸으로 행동하는 것과 마찬가지로 강박적으로 불안한 생각에 꽂히기 때문에 그 찝찝함을 해결하려는 시도인 것입니다. 선을 밟았을 때나 엘리베이터 숫자의 홀수와 짝수의 균형을 맞추어서 경험하지 않으면 불길한 일이 일어날 것 같은 생각에 꽂혀 찝찝한 것이죠. 이를 해결하려고 아이가 머릿속에서 이렇게 반복적으로 생각하고 있는 걸 엄마가 바로 알아차리기는 쉽지 않습니다.

그런데 엄마가 알아차릴 수 있는 수단 중 하나가 바로 의욕입니다. 의욕이 없어지는 것을 하나의 신호로 여길 수 있어요. 아이가 게으르고 정신을 못 차려서 의욕이 없는 게 아니라 이런 식으로 에너지가 줄줄 새서 낭비되고 있는 구멍이 있는 게 아닌가 의심해 볼 수 있는 거예요.

의욕이 없는 아이의 특징으로 자율성을 말씀드렸습니다. 모든 엄마는 아이가 자기주도학습을 하기 원하는데 그 전제 조건은 바로 자율성이라는 사실을 반드시 기억하시기 바랍니다. 그렇다면, 이 자율성을 아이에게 어떻게 부여해줘야 할까요? 아이 마음대로 하게 하는 것은 자율성을 주는 게 아닙니다.

우선 말씀드릴 부분은 사람마다 자율성에 대한 기준이 매우 다르다는 겁니다. 엄마의 성격과 기질, 각자 처한 환경, 살면서 생긴 가치관이 모두 다 다릅니다. 그렇기 때문에 아이에게 선택권을 주고 스스로 고르고 결정하게 하는 영역도 다를 수밖에 없습니다. 그 영역이 굉장히 넓은 사람도 있는 반면 아주 좁은 사람도 있어요. 아이는 미숙하니 엄마인 내가 하나하나 다 체크하고 모든 걸 주도하고 아이에게는 선택권을 안 주는 게 너무 당연하다고 생각하는 엄마도 있고, 간섭받는 스트레스를 경험하지 않도록 최대한 자유를 줘야 한다고 생각하는 엄마도 있어요.

이 책을 읽고 계신 여러분 중에는 초등학생 자녀를 두신 분도 계실 텐데요. 초등학생 때는 자율성이 확 늘어야 하는 시기입니다. 영유아기에는 엄마가 챙겨줘야 할 일이 많지만 아이가 점점 자라는 동안 엄마의 영역은 점점 줄이면서 아이가 스스로 선택하게끔 해줘야 합니다. 처음부터 주관식으로 아이에게 하고 싶은 걸 정하라고 하는 게 아니라 최소한 두 개의 선택지는 주면서 고르도록 하는 것부터 시작하면 좋습니다.

예를 들어 여행을 갈 때, 학원을 고를 때, 물건을 살 때마다 통보를 하는 것보다는 여러 가지 대안 중에서 직접 선택하는 즐거움을 경험하게 해주면 자율성이 강화됩니다. 비록 작은 것일지라도 스스로 하는 작은 선택이 서서히 자율성에 영향을 미치게 됩니다. 그리고 무엇보다 더 중요한 건 자율성이 지지되는 분위기가 만들어지는 것입니다.

'우리 집은 내가 뭔가를 내 뜻대로 하려고 하고선택을 할 때 그 걸 응원해주고 존중해주는 분위기구나.'

이러한 인식을 지닐 수 있게 해주는 거죠.

반대로 아이가 하고 싶은 걸 얘기했는데 분위기가 이상하다면 어떨까요? 엄마가 혼내거나 강압적인 태도로 대하는 건 당연히 안 좋은 분위기입니다. 아이도 엄마도 그 분위기는 바로 인식합니다. 그런데 반드시 험악한 분위기만이 아니라 미묘한 분위기도 아이에게 영향을 끼칩니다.

'내가 하고 싶은 걸 말했는데 엄마가 곤란해하시는 것 같아. 내가 한 말 때문에 힘들어하고 스트레스를 받는 것 같아.'

아이는 자신이 선택한 것에 대해 부모님이 지지하지 않을 뿐 아니라 그것 때문에 난처해하는 모습을 보고 그 분위기를 느끼고 뭔가 자신의 선택이 잘못되었다고 생각할 수 있습니다.

특히 아이가 공부할 때 자율성을 지지해주는 것이 너무나 중요합니다. 아이가 뭔가를 배우고 싶은 게 있다고 말했을 때, 좋아하는 과목에 대해 말했을 때, 장래 희망을 이야기했을 때 엄마가 지지해주는 분위기가 있다는 걸 인식하면 아이의 자율성은 점차 단단해질 겁니다.

그런데 불행히도 엄마가 공부를 시키기 시작한 순간부터 아이는 자율성이 훼손되는 경험을 자주 하게 됩니다. 그냥 공부가 싫다는 마음만 드는 게 아니라 두려운 마음까지 들게 됩니다. 특히 두려운 감정은 행동에 굉장히 영향을 많이 미치는데요. 엄마들 대부분은 그 두려움, 그 공포를 이용하고 싶은 마음이 자꾸 듭니다. 제일 간편하고 쉬워서 악용하는 거죠.

예를 들면 '공부 안 하면 인생 망한다. 이렇게 자꾸 숙제 안 하고 해야 할 일 안 하면 네가 원하는 꿈 못 이룬다. 누구처럼 된다.'는 종류의 협박을 하는 거예요. 우리가 어릴 때 많이 들었던 말이라 쉽게 튀어나오는 것이기도 합니다. 당장은 두려움 때문에 공부를 하긴 할 겁니다. 하지만 공부를 계속하기 위한 의욕, 동기, 자기주도성, 자율성 등 더 중요한 가치를 놓치게 될 수 있습니다. 두려움에 밀려서 공부하게 되는 상황은 자율성이 지지되지 못하는 분위기이고 자율성이 억압되는 분위기입니다. 결국 소탐대실하게 됩니다.

✦ 안전기지

엄마는 아이에게 안전기지安全基地·secure base가 되어줘야 한다는 말을 많이 들어보셨을 겁니다. 육아의 기본이고 엄마가 아이에게 해줘야 할 가장 중요한 역할이죠. 아이는 태어나자마자 엄마를 의지합니다. 그렇게 엄마의 테두리 안에서 사는 것도 좋지만 호기심이 생기면 바깥세상을 탐험하고 싶은 마음도 생깁니다. 그러면서 두려움과 공포를 경험할 일이 많아지는데 그때 두려움과 공포를 극복할 수 있도록 돕는 중요한 요인이 바로 안전기지입니다. 내가 잠깐 울타리를 벗어나 나갔다 오는 동안 다시 돌아갈 곳이 있다는 안정감 또는 어렵고 힘든 일을 겪었을 때 다시 돌아와서 충전할 곳이 있다는 믿음이 있는 곳이죠. 안전기지는 물리적인 장소뿐 아니라 정서적인 장소를 뜻하기도 합니다.

아이에게 나 혼자 외딴섬에 있는 것이 아니라 자신은 늘 지지받고 이해받고 응원받고 있다는 느낌이 있어야 스스로 선택하고 결정할 수 있는 힘도 생깁니다. 자율성과도 자연스럽게 연결되는 개념이죠. 이 안전한 느낌이 있어야 도전을 할 수 있거든요. 도전 정신은 그냥 생기는 것이 아니라 실패해도 괜찮다, 도전을 해도 대단히 큰일이 벌어지지 않는다는 믿음이 바탕에 있어야만 만들어집니다.

아이에게 스스로 하고 싶은 행동을 정할 수 있다는 느낌이 생기는 것은 의욕과 연결되고, 이후 그것을 할지 말지 결정하고 실행하는 것은 안전기지와 연결이 됩니다. 도전을 하는 사람의 마음 한편에는 두려움이 있게 마련인데 안전기지가 그 두려움을 극복할 수 있게 도와준다는 것이죠. 따라서 아이가 스스로 안전하다는 느낌을 갖는 게 매우 중요합니다.

이것 역시 분위기로 만들어집니다. 부모의 분위기, 가족의 분위기로요. 엄마가 너무 민감하게 아이를 대하면 아이는 당연히 안전하다는 느낌을 받을 수 없어요. 숙제 한 번 안 했다고 공부 좀 안 했다고 엄마가 내 편이 아닐지도 모른다는 두려움을 자극하면 안전감이 만들어질 수 없습니다.

육아가 아이를 어떻게 잘 키울 것이냐의 문제이지만 아이보다는 부모에 대해서 더 이야기할 수밖에 없습니다. 부모 탓을 하는 게 아니라 부모도 사람이라서 완벽할 수 없으니 자신이 부족한 점을 잘 알고 있어야 한다고 말씀을 드리고 싶습니다. 내가 아이에게 미치는 영향을 알고, 특히나 내가 어떤 점이 취약한지를 아는 게 중요합니다. 사람마다 다 취약한 부분이 있어요. 그것이 아이에게 어떻게 영향을 미칠지에 대해 충분히 생각하고 이해하고 있어야 갈등 상황이 닥쳤을 때 내 취약함을 감추느라 당황하지 않고 지혜롭게 대처할 수 있습니다.

✦ 안전한 도전

지금까지 말씀드린 자율성이나 안전기지는 부모의 기본적인 태도에 대한 이야기였습니다. 그럼 실질적으로 아이에게 어떤 걸 해주면 좋을까요?

'안전한 도전'에 대해 먼저 이야기해보려고 합니다. 도전에도 다양한 스펙트럼이 있습니다. 의욕이 없는 아이일수록 도전의 수위 조절을 아주 잘해야 합니다. 절대로 밀어붙이면 안 됩니다. 아이가 의욕이 없는 이유가 뭐였죠? 자율성이 없다는 느낌을 갖고 있거나 불안감을 갖고 있기 때문이었습니다. 그러한 마음을 가지고 있으면 도전은커녕 그저 안전한 것만을 찾게 되어 있어요. 도전과 안전은 상반되는 개념이지요? 그런데 안전한 것만 찾다 보면 결국 그게 회피처가 되고 회피처에 숨어 있다 보면 발전이 없습니다. 그게 또 결국 아이의 힘든 마음으로 이어지게 되죠.

도전을 하도록 하려면 안전한 느낌과 병행되는 도전을 해야 합니다. 안전한 도전을 찾아봐야 하는 거죠. 안전과 도전을 동시에 추구하는 게 딜레마이고 상충하는 말이지만 안전한 도전, 안전한 위험을 경험하게 해줘야 합니다. 예를 들어 학원을 선택하고 레벨 테스트를 볼 때 열심히 준비하게 하려고 벼랑 끝으로 몰고 가는 것은 좋지 않습니다. "이 학원에 떨어지면 다닐 곳이 없으니 열심히 준비해서 꼭 붙어야 해."가 아니라, "이 학원이 알맞은 것 같으니 한번 지원을 해보자. 열심히 해보고, 떨어지더라도 다른 학원을 알아보면 되니 너무 걱정하진 말아."라는 안심을 의도적으로 줘야 합니다. 그래야 의욕과 자신감이 생기고 도전을 할 수 있습니다.

✦ 작은 성공

더불어 '작은 성공'을 해봐야 합니다. 아이의 자존감을 올려주려면 여러 가지 작은 성공의 경험을 해주는 게 좋다는 말은 많이 들어보셨을 겁니다. 그런데 왜 작은 성공 경험을 하는 것이 중요할까요?

앞에서 말한 안전한 도전은 작은 성공과 연관이 깊습니다. 안전한 도전을 했다는 것은 그래도 가만히 있는 게 아니라 도전을 해봤다는 뜻이고 그 도전이 작은 성공으로 이어질 수 있기 때문입니다. 그렇기에 안전한 도전을 통해 작더라도 성공의 경험을 많이 해보는 것이 중요해요. 공부하는 과정과 연결시켜보면 쉬운 문제를 풀어보는 것도 비슷한 경험이라고 할 수 있습니다. 꼭 공부와 연결되지 않더라도 다양한 상황에서 도전해보면 좋습니다. 다양한 분야에서 새로운 경험을 해보는 것 모두 도전이거든요. 보드게임이든 친구들과 하는 놀이든 악기를 배우든 수영을 배우든 아이에게는 다 도전이 필요한 일입니다. 다양하고 새로운 환경에서 안전한 도전을 해보고 작은 성공들을 경험하면서 자신감도 생기고 자신의 능력을 발견하게 될 수도 있습니다.

그렇다면 이 경험이 공부정서와 상관이 있기는 할까요? 상관이 많습니다. 이 경험이 나중에 옮겨가거든요. 성취감이나 자신감을 바탕으로 한 의욕과 동기는 아이가 점점 나이가 들고 관심 분야가 바뀔 때도 도움을 줍니다. 그 경험과 감정이 그대로 새로운 관심 분야로 옮겨 가기 때문입니다.

제 의대 동기들을 보면서도 느끼는 것인데요. 그 친구들이 어렸을 때부터 공부 하나만 잘했을 것 같지만 그렇지 않습니다. 예체능을 잘하는 친구들도 많습니다. 자신이 잘하는 것을 찾아서 몰입하고 도전을 해보다가 관심이 학업으로 바뀌면 그 에너지와 열정이 그대로 옮겨갑니다. 예중, 예고에 다니다 진로를 바꾸고 의대에 진학하는 경우도 꽤 있습니다. 그래서 부모가 안전한 도전과 작은 성공을 경험할 수 있도록 유도하고 아이가 직접 경험함으로써 자신의 관심 분야와 능력치를 깨닫게 되면 좋습니다.

'용기 내서 한번 해봤는데 생각보다는 감당할 만하구나.'
'도전해서 성공해보니 기분이 좋고 자신감이 생기네.'

이런 감정을 갖게 되면 좋겠죠. 처음에는 당연히 외적 보상이 좀 필요할 수 있습니다. 하지만 그러다가 점점 아이가 스스로 내적 보상, 즉 성취감이 올라가는 느낌, 자신감이 커지는 느낌, 의욕이 솟아오르는 느낌 등을 느끼게 됩니다. 외적 보상보다 훨씬 더 중요한 보상이죠. 선물을 받거나 게임 시간 더 갖는 것보다도 훨씬 더 큰 쾌락이 있다는 것을 알게 될 겁니다. 그 경험을 자꾸 반복할 수 있도록 엄마가 도와야 합니다.

자신감 없는 아이

"우리 아이는 의욕이 없고 모든 걸 귀찮아해요. 그런데 가만 살펴보면 자신감이 없어서 그런 것 같은데 어떻게 해야 할까요?"

자신감은 공부에도 영향을 미칩니다. 여기서 말하는 자신감은 복잡한 개념이 아니라 하나의 목표를 내가 이룰 수 있을 것 같은 마음을 말하는 겁니다. 이번에는 공부에 대한 자신감을 어떻게 키워주면 좋을지에 대해 이야기해보겠습니다.

✦ 숙련목표

숙련목표mastery goal란 우리가 지향해야 할 목표인데요. 다른 사람들이 어떻게 보든 혹은 당장의 결과가 어떻든 내가 그것 때문에 즐거움을 느끼고 성장을 경험하는 것이 더 중요하다고 생각하는 것을 말합니다. 예를 들어 공부를 할 때 아이가 스스로 목표를 정하고 그 과정에서 즐거움과 성장의 재미를 찾는 게 중요하다는 것이죠. 그런데 엄마와 아이가 갖고 있는 목표는 대개 수행목표performance goal입니다. 수행목표는 타인과 비교하여 유능함을 드러내고 타인으로부터 호의적인 평가를 받는 것에 중점을 두는 것을 말합니다. 쉽게 말하면 합격, 불합격, 원하는 점수나 등수라고 생각하시면 됩니다.

그런데 여기서 알아야 할 게 있습니다. 수행목표만을 목표로 삼다 보면 문제가 생깁니다. 좌절을 해도 문제고 성취를 해도 문제예요. 수행목표를 달성하지 못하면 좌절해서 자신감이 떨어질 거고요. 성공을 하더라도 '이번에는 겨우 성공했네. 운이 좋았네.' 하는 정도의 자신감만 생깁니다. 자신감이 이번에 생겼다고 해서 다음에도 생기는 것도 아니에요.

상담을 하면서도 많이 경험하는 일입니다. 성취를 많이 한 학생이 있었어요. 시험도 잘 보고 점수도 좋고 수능도 잘 보고요. 그런데 자신감은 없었어요. 왜 그랬을까요? 그들이 굉장히 많이 하는 답이 있었습니다.

"그건 제 실력이 아니었어요. 저는 부족한데 운이 좋았을 뿐이에요. 찍은 게 잘 맞았거나 아는 게 많이 나왔을 뿐이에요."

절대 자신의 자신감과 연관을 못 시키는 것입니다.

성취하고 목표를 달성하는 것을 반복적으로 경험하는 게 중요한 게 아닙니다. 성적이나 등수 같은 수행목표만을 향해 달리면 안 됩니다. 수행목표보다 숙련목표를 가지고 아이가 노력하는 과정에서 얼마나 성장했는지를 경험하게 해주는 게 좋습니다. 얼마나 성장했는지는 타인과 비교하며 타인에게 인정받는 게 아니고 과거의 자신과 비교하며 알게 되는 것입니다. 그래야 불안도 훨씬 낮아집니다. 수행목표는 스스로 어느 정도 조절할 수 있고 통제할 수 있겠지만 결국 합격이나 원하는 등수를 얻는 데는 외부 요인이 많이 작용해요. 공부 실력이 좋은 애들이 많을 수도 있고 시험 보는 날 컨디션이 안 좋을 수도 있어요. 그래서 수행목표보다 숙련목표를 가지고 공부하는 것이 아이의 불안을 줄이는 효과가 있습니다.

숙련목표의 더 좋은 점은 의욕을 만들어준다는 것입니다. 성공 경험을 할 가능성도 커집니다. 엄마 입장에서도 잘한 부분에 대해서 피드백을 주기 더욱 수월해집니다. 왜냐하면 남이랑 비교하는 게 아니라서 그래요. 여러분도 부모님한테 들은 말 중에서 공부 잘하는 친척, 공부 잘하는 엄마 친구 아들, 아빠 친구 딸 들이랑 비교하는 말을 들을 때 제일 서럽지 않았나요?

✦ 숙련목표를 통한 성공 피드백

성공에 대한 피드백을 주는 게 아이의 자신감을 올리는 데 중요한 역할을 합니다. 그래서 공부할 때 모르는 것을 알게 되고 어느 정도를 알았는지를 확인하는 게 즐거운 일임을 아이가 알게 되도록 도와줘야 해요. 특히 성공에 대한 피드백은 구체적으로 해줘야 한다는 건 다들 알고 계실 겁니다. 그런데 수행목표를 가지고 있으면 구체적으로 칭찬을 해줄 수가 없어요. 등수가 정확히 나오고, 합격·불합격이 너무나 분명하니 칭찬하기가 어렵죠. 숙련목표를 가지고 있어야 구체적으로 칭찬을 해줄 수 있어요. 이는 아이의 긍정강화에 필수적인 요소이기도 하죠.

"예전에는 좀 힘들어했는데 이번에 보니까 엄청 능숙해졌고, 이 부분은 훨씬 발전했구나. 네가 이걸 하기 위해 노력을 많이 했나 보다."

이렇게 아주 구체적인 부분을 집어서 칭찬해주는 거예요. 그래서 제일 중요한 게 숙련목표를 세우는 겁니다. 자신감 없는 아이들, 의욕이 없는 아이들과도 다 관련이 있습니다. 의욕이 없는 이

156

유 중 하나가 에너지가 없는 것이고 자기주도적인 느낌이나 안전하다는 느낌이 없을 때 의욕이 떨어지는 것이라고 말씀드렸는데요. 그게 지속되다 보면 자신감이 없는 것처럼 보이게 돼요. 이게 다 연결되어 있습니다. 따라서 구체적인 숙련목표를 세우고 하나하나 도전할 수 있게 도움을 줘야 합니다. 물론 아이의 기질이 다 달라서 쉽지 않은 일이지만 내 아이를 잘 파악하며 시도해보시기를 권합니다.

✦ 긍정강화

역지사지로 엄마가 아이의 입장이 되어보는 것은 아이의 기질을 파악하는 좋은 방법입니다. 가족의 분위기, 부모의 분위기가 어떤지 자주 살펴봐야 합니다. 아이가 타인과 비교하는 기질이 있다면 그 기질을 조금 완화시키기 위한 대화도 평상시에 많이 하셔야 합니다. 아이와 많이 대화하면서 숙련목표를 가질 수 있게 해주세요.

아이가 친구와 자신을 비교해서 속상한 상황에서 "친구랑 비교하지 마. 너는 정말 잘하고 있어."라고 해주는 말은 소용이 없어요. 이미 아이는 비교하는 상황에 꽂혀 있거든요. 마음이 속상한데 위로의 말이 귀에 안 들어오죠. 평상시에 그냥 소소하고 다양한 대화를 하면서 아이에게 숙련목표가 훨씬 중요하다는 가치를 자연스럽게 전해줄 필요가 있습니다. 숙련목표를 만드는 건 아이의 의지로 되는 게 아니에요. 엄마가 비교하는 관점을 가지고 있다면 은연중에 그 관점은 아이에게 엄청난 영향을 끼칠 수 있습니다.

결국 또 엄마의 관점이 중요하다는 말로 돌아오게 되는데요. 엄마의 취약한 부분을 잘 관리하는 것이 양육과 교육의 최선입니다. 아이를 잘 키우겠다고 노력하는 게 중요한 게 아니에요. 엄마의 취약점 때문에 아이를 망치지 않도록 하는 것, 이것이 가장 중요합니다. 그런데 많은 엄마들이 자신의 취약점을 알려고 하는 노력은 안 해요. 이는 괴로운 과정이기 때문이기도 하고 당장 마음이 조급하니 어떻게 아이를 잘 키울지에 대한 방법을 찾고 그것에 대한 노력만 하다 보니 엉뚱하게 아이를 망치는 결과를 맞게 됩니다.

이 책에서는 내 아이 공부 잘 시키는 법을 말하고 있지 않습니다. 공부와 관련된 정서적인 부분을 부모가 어떻게 함께 관리해줄 것인가에 대해 이야기하고 있고, 결국에는 부모의 가치관과 관점이 중요하다는 것을 말하고 있기 때문에 여러분은 자기 자신에게 관심을 가져야 합니다. 제가 강의나 책에서 늘 강조하는 주제이기도 합니다. 부모의 감정, 엄마의 정서, 심리적인 안정이 육아에서 가장 중요합니다.

집중 못 하는 아이

집중은 우리가 생활하는 데 매우 중요한 요소입니다. 공부할 때 뿐 아니라 놀 때도 친구 관계에서도 잘하는 영역을 개발할 때도 필요합니다. 부모인 우리도 늘 집중을 필요로 하죠. 집중을 잘하려면 어떻게 해야 할까요? 집중을 잘해야겠다는 의지를 다지고 애를 써서 하는 게 아니에요. 그냥 자연스럽게 집중이 되어야 하는데요. 아이가 집중하지 못한다면 이유가 있을 겁니다. 그 이유를 잘 헤아리고 찾아서 도와줘야겠죠.

어른도 집중력이 떨어지는 경험을 다 합니다. 특히 아이 키우면서 더 그런데요. 집중력이 왜 떨어졌을까요? 단순히 노화 때문일까요? 아니죠. 할 일은 너무 많고 아이 키우면서 잠을 푹 못 자고 몸이 지치고 항상 머릿속은 복잡하기 때문이에요. 특히 제일 중요한 부분, 복잡하고 힘든 감정을 해결하지 못한 채 쌓아두다 보면 집중력도 떨어집니다. 왜냐하면 집중은 머리로 하는 것인데 머릿속에 무언가 다른 감정이나 생각이 가득 차 있어 정작 중요한 일에 집중하기에는 한계가 있기 때문입니다. 핸드폰이나 컴퓨터도 과부하가 걸리면 속도가 느려지고 멈추기도 하잖아요. 집중을 못 하는 것도 그것과 비슷한 현상입니다. 그래서 집중을 방해하는 내면의 감정과 생각을 잘 헤아려야 합니다.

✦ 공감

제가 오랫동안 강조해온 것 중 하나인데요. 공감이 너무나 중요한데 생각보다 공감을 어떻게 해줘야 할지 모르겠다는 분들이 많더라고요. 한편으로는 공감을 해줬다가 아이의 문제 행동이 개선이 안 되거나 더 심해질까 봐 우려가 돼서 공감을 일부러 안 해준다는 엄마들도 많았습니다.

그렇다면 집중을 못 하는 아이에게는 어떻게 공감해줘야 할까요? 아이가 숙제 시간인데 자꾸 딴생각을 하고 있고, 페이지가 안 넘어가고, 동생에게 자꾸 신경 쓰고 거기에 개입하려는 것은 모두 집중하지 못하는 행동입니다. 이때는 공감하는 표현을 해주는 게 중요한 게 아닙니다. 엄마가 마음으로 아이의 입장이 되어서 그 상황을 충분히 헤아리는 것이 중요합니다. 그게 되면 굳이 말하지 않아도 엄마의 표정과 분위기로 다 전달이 됩니다. 반대로 엄마가 말로는 "그랬구나." 하고 공감해줘도 마음으로 공감을 못하고 있다면 아이도 그 분위기를 금방 눈치챕니다. 가짜 공감은 다 티가 날 수밖에 없습니다.

아이들은 말보다는 분위기에 더 민감하고 분위기를 따라가는 경향이 있습니다. 엄마가 말은 공감해주는 것 같았는데 분위기가 그렇지 않다는 걸 알게 되고, 그 상황이 반복되면 아이는 무엇이 엄마의 진심인지 몰라서 헷갈리게 됩니다. 그러면 더 불안해져요. 그렇기 때문에 공감이 정말 중요한데 자칫하면 악순환을 일으킬 수도 있습니다. 내 아이가 집중하지 못한 상황에 대해 공감을 하려면 우선 이해를 해야 합니다. 왜 집중하지 못하는 것인지 말이죠. 그 이유는 두 가지가 있습니다.

첫 번째는 주의력입니다. 집중을 잘하기 위해서는 주의력이 필요해요. 주의력이란 내가 지금 주의를 기울여야 할 곳에 관심을 기울이고 유지할 수 있는 능력이에요. 생각이 딴 데로 새지 않는 능력, 주의가 분산되지 않게 하는 능력도 있어야 하고요. 동생이 옆에서 뭘 하고 있을 때 거기에 자꾸 신경 쓰이는 건 주의가 분산됐기 때문이에요. 그러면 집중이 안 됩니다. 주의력이 흐트러졌을 때 다시 돌아오는 능력도 중요합니다. 누구든 딴생각할 때가 있고 주의가 분산될 때가 있어요. 그때 다시 주의를 되찾고 원래 하던 일로 돌아오도록 전환하는 능력이 있어야 집중을 잘할 수 있습니다. 이를 이해한 다음에 아이가 집중을 못할 때 어떤 점에서 어려워하는지 알아차릴 수 있어야 합니다. 그래야 효율적으로 개선하게 도울 수 있겠죠.

두 번째는 정서입니다. 정말 많은 엄마들이 놓치고 있는 것이 아이의 정서입니다. 저는 아이든 어른이든 ADHD가 의심되거나 집중력에 문제가 있다고 느껴서 병원 찾는 사람들에게 집중력만 검사하는 게 아니라 정서를 꼭 함께 봅니다. 그 이유는 아이가 스트레스가 많고 힘들고 불안한 상태인 경우 자기가 가지고 있는 집중력이나 잠재력을 활용하지 못하기 때문입니다. 어른들도 스트레스가 많으면 머리가 안 돌아가는데 아이도 마찬가지입니다. 그래서 집중력 검사를 할 때는 정서도 함께 검사합니다. 정서에 문제가 있을 때에는 그것을 먼저 해결한 뒤에 집중력을 재평가합니다.

엄마가 평소에 아이의 정서를 잘 살펴야 해요. 아이가 숙제한다고 해놓고 5분마다 돌아다니고 딴짓하는 모습을 보면 화가 날 수밖에 없습니다. 하지만 단순히 아이가 너무 의지가 부족하고 나태하다고 생각하기보다는 혹시 정서적으로 너무 스트레스를 받고 있는 건 아닌지 감정적으로 힘든 건 아닌지 점검해야 합니다. 그렇게 아이를 이해하려 노력하는 과정은 아이에게 공감받는 느낌을 주게 됩니다.

앞에서 불안한 아이 유형에 대해서 말씀드렸는데요. 근본적으로 불안과 관련되어 있고, 정서와 관련되어 있지만 겉으로는 전혀 상관없어 보이는 흔한 증상이 바로 강박이라고 했습니다. 강박은 특히 공부할 때 더 심해집니다. 아이가 루틴에 더 집착해요. 공부를 시작하기 전에는 책상을 정리하면서 준비해야 하고요. 이러느라 시간과 에너지를 엄청나게 허비합니다. 공책에 필기를 하다가 틀리면 다 찢어버리고 다시 필기를 시작하기도 하고요. 교과서나 교과 관련된 책을 읽다 보면 앞의 내용이 기억이 잘 안 날 수도 있는 건데 그런 상황을 그냥 두고 넘어가지 못합니다. 시험에 나올 수도 있는 걸 놓치게 될까 봐 불안해져서 조금만 모르는 게 있으면 바로 앞으로 돌아가서 꼭 그 부분을 확인하려고 하면서 책 한 권을 읽는 데 시간을 훨씬 더 많이 들입니다.

이 경우에 더 깊게 공부하니까 좋은 것 아니냐고 생각할 수도 있지만 사실 집중을 못하고 있는 상태라고 보면 됩니다. 아이가 지금 하는 것에 주의 유지가 안 되고 딴생각, 즉 '이거 내가 모르는 건데 알고 싶어. 이거 시험에 나오면 어떡하지?' 하는 생각에서 못 빠져나오는 거예요. 딴생각이 들었던 부분을 해결하지 않으면 찝찝함이 사라지지 않죠. 어떤 행동을 해야만 찝찝함이 사라지고 그게 익숙해지면 이제는 찝찝함이 조금이라도 있을 때 해결하지 않고는 못 배기는 정도로 압박감이 심해집니다. 그래서 더욱 강박행동을 반복하게 되고 집중은 더 못하죠.

엄마가 이런 걸 다 알면 아이의 마음을 헤아릴 수 있고 헤아리는 과정 자체가 아이에게 공감받는 느낌을 주는 겁니다. 왜냐하면 아이도 사실 답답하거든요. 아이도 장래 희망이 있고 잘하고 싶고 열심히 하고 싶은데 잘 안 되는 거니까요. 그런데 집중을 못한다고 혼나고, 혼나면 기분이 안 좋고, 그러면 정서적으로 더 스트레스 받으니까 더 집중 안 되는 거죠. 또는 자신감이 떨어져서 더 집중이 안 되고 의욕이 떨어져서 더 집중 안 되고 이렇게 악순환이 됩니다.

아이의 마음을 헤아리는 과정은 공감해주는 것으로 끝나는 게 아니라 아이가 스스로 문제를 이해하게 하는 효과도 있습니다.

'아, 내가 뭔가 형편없는 사람이라서 집중을 못하는 게 아니구나. 내가 이래서 힘들었던 거니까 그 부분을 해결하면 나도 나아질 수 있겠구나.'

이러한 생각까지 함께 심어줄 수 있어요. 이건 정말 중요한 과정입니다.

✦ 능동성

의욕이 없고 귀찮고 적극적인 마음이 없을 때는 집중을 할 수가 없어요. 아이가 능동적으로 하려는 관심사가 공부면 좋겠지만, 아이가 능동적으로 하고 싶은 영역이 따로 있다는 거예요. 그게 중요하죠. 엄마가 능동적이길 바라는 영역은 수동적으로 행동할 수도 있고요. 아이가 능동성을 경험하고 몰입해보면 더 능동적으로 변하는 자신을 발견하게 되고 성취감을 얻게 되는데요. 이는 능동성을 더 강화해주게 됩니다. 그렇기 때문에 공부뿐 아니라 다양한 영역에서 능동성을 경험하는 것이 좋아요.

미취학 아동일 때든 초중고등학생 때든 아이가 관심 있는 분야에서 능동적으로 하고 싶어하는 열정과 동기를 꺾지 않는 게 중요합니다. 능동적으로 행동했을 때 의욕이 생기는 느낌을 받으면 자연스럽게 집중은 잘 따라오게 됩니다. 아이가 이러한 경험을 자주 하면 성공했던 영역을 점차 넓혀서 다른 영역으로도 옮겨갈 수 있어요. 중고등학생이 되었을 때 공부 영역으로 옮겨가는 경우도 많고요. 앞에서도 한번 언급했지만 의대 다니는 친구들 중에 예전에 운동, 음악, 미술을 잘했거나 한 부분에 굉장한 열정을 쏟았던 친구들이 나중에 공부에 몰입했던 것처럼요. 그렇다면 엄마는 아이의 능동성을 키워주기 위해 무엇을 해주면 좋을까요?

실질적인 방법은 계획을 아이가 스스로 세우도록 돕는 겁니다. 엄청난 계획을 짜는 게 아니라 능동성을 경험하기 위한 수단으로 스스로 계획을 해보는 겁니다. 완벽하게 계획을 다 주도하지는 않더라도 계획을 세우는 과정에 참여하고 스스로 결정하는 경험을 할 수 있도록 해주면 좋습니다. 예를 들어 정기적으로 반복되는 학교나 학원의 숙제가 있을 때, 그때그때 엄마가 숙제하라고 시키기보다는 이 숙제는 정기적으로 언제 하고 싶은지 스스로 정하게 하고 그 시간에 알려주는 것입니다. 시켜서 하든 미리 정하게 하든 어차피 억지로 하는 듯한 아이의 행동은 별 차이가 없어 보이더라도, 반복되는 이 경험을 통해서 능동성이 커지기도 하고 더 중요한 실행 기능도 발달합니다.

집중력에서 제일 중요한 게 실행 기능입니다. 실행 기능이란 전전두엽에서 일어나는 현상, 아주 쉽게 말하면 철든 행동을 할 수 있는 능력입니다. 문제해결 능력, 자기 관리 능력이죠. 어른이 되어가면서 점점 발달하는 게 실행 기능인데요. 뇌에서 제일 늦게 발달하는 영역이기 때문에 20대 중반 혹은 그 이후까지도 계속 발달합니다. 집중력 역시 조절하는 능력인데요. 주의를 유지하고 주의가 분산되는 것을 억제하고 정서를 조절하고 쾌락이나 만족을 지연시키는 능력이 모두 다 실행 기능에 속합니다. 이 실행 기능의 발달에 중요한 영향을 미치는 요인 중 하나가 바로 능동성입니다. 스스로 참여하고 결정하고 그로 인한 성취를 느끼는 것이 능동성을 키우는 데 도움이 됩니다. 수동적인 상태에서 성취하는 것과 능동적인 상태에서 성취하는 것은 성취 자체의 느낌이 달라요. 아이가 꼭 그 경험을 할 수 있도록 도와주세요.

◆ 외적 보상과 내적 동기

육아할 때 외적 보상은 별로 좋지 않다는 말을 많이 들으셨을 거예요. 그날 숙제를 다 하면 유튜브를 일정 시간 보여주거나, 성실하게 할 일을 할 때마다 스티커를 모아 선물을 사주는 건 바람직하지 않다는 말들이 대표적입니다. 그런데 현실적으로 어쩔 수 없이 외적 보상이 필요합니다. 어른들에게도 외적 보상이 필요할 때가 있는데 특히 아이들에게는 더 그렇죠. 아무런 외적 보상 없이 내적 동기만으로 무언가를 해내기를 강요한다고 해서 내적 동기가 자연스럽게 만들어지는 게 아닙니다. 아이 스스로 경험을 해봐야 그 경험을 통해 동기가 안에서 만들어지는 거예요.

그리고 그 경험으로 유도하기 위해 필요한 수단이 외적 보상이죠. 물론 부모마다 가치관이 다르겠지만 외적 보상은 무조건 안좋다고 생각하기보다는 외적 보상으로 시작해서 중간중간에 내적 동기를 스스로 인지할 수 있도록 옆에서 물어보고 말해주는 게 좋습니다.

아이가 무언가를 스스로 했고 그 과정에 충실했고 집중해서 계획을 수행했다면 그 자체로 스스로 만족감과 성취감과 뿌듯함을 느꼈을 거예요. 그것을 옆에서 한번 짚어주면서 외적 보상도 함께 해준다면 아이가 스스로 내적 동기를 만들어갈 수 있습니다. 그 과정을 경험하고 나면 중고등학생이 되었을 때 외적 보상 없이도 스스로 내적 동기로 인해 공부나 어떤 일을 실행하게 되는 거죠.

보상이 함께 있으면 순간적으로 자기가 집중할 수 있는 능력이 충분히 발휘가 됩니다. 그것을 적절히 활용하는 것이 중요합니다.

✦ 상호작용

상호작용은 어린아이를 키울 때만 중요한 게 아닙니다. 엄마와 아이 사이의 상호작용은 당연하고 자연스러운 것이라고 생각하게 되는 경우가 많은데 사실 생각보다 많은 사람들이 경험을 해보지 못했어요. 다른 사람들과 대화할 때, 새로운 인간관계를 맺을 때 혹은 부모님이나 자식과의 관계에서 어떻게 해야 할지 모르는 사람들이 많습니다. 아이를 키울 때도 먹이고 재우는 건 하겠는데 어떻게 대화를 하며 감정을 소통해야 하는지를 모르겠다는 질문도 많이 받습니다.

상호작용하는 능력이 부족한 아이들을 치료하는 과정 중에 중요한 게 부모 교육인데요. 뭔가 새로 가르치는 게 아니라 부모가 아이와 함께 있는 모습을 보면서 코칭을 해줍니다. 여러 가지 코칭을 하는데 가장 중요한 것은 눈맞춤입니다. 간단한 것 같지만 눈맞춤이 쉬운 건 아닙니다. 눈은 마음의 창이라는 말이 있죠. 아이의 눈을 바라보는 게 쉽지 않아요. 부모 마음이 당당하지 못해서 아이 앞에서 진솔하게 대할 자신이 없어서 그렇기도 하죠. 그런 자신이 없으면 상호작용이 안 됩니다. 눈과 눈 사이를 봐야 한다든가 하는 기술적인 방법을 이야기하는 게 아닙니다. 부모가 진심으로 아이를 대할 수 있는 자세를 말하는 겁니다. 그 자세가 눈맞춤으로 이어지는 거예요.

　제가 늘 말씀드리지만 사람은 생각보다 별로이고, 부모도 사람입니다. 눈맞춤을 하지 못하는 부모는 사실 마음속에 '내가 괜찮은 사람이어야 하고 좋은 부모가 되야 한다'는 커다란 압박감을 갖고 있습니다. 그 압박감이 크면 클수록 상호작용을 하지 못합니다. 계속 가식을 보여줘야 하고 완벽한 모습을 보여줘야 한다는 압박에 휩싸여 있거든요. 진솔하고 편안한 마음으로 아이를 대하지 못합니다. 좋은 부모가 되려 노력했지만 결국 상호작용을 놓쳐버려서 문제가 생기는 경우도 많습니다. 엄마가 완벽하게 준비가 되어야만 상호작용을 할 수 있는 게 아닙니다. 압박감을 내려놓고 인간 대 인간으로서, 존재와 존재로서 아이와 함께하고 마음을 공유한다는 목적을 가지는 게 중요한 것 같습니다.

　지금 이 얘기를 하는 이유는 집중력을 키우는 데는 상호작용도 굉장히 중요하기 때문입니다. 상호작용하는 순간에는 집중할 수밖에 없거든요. 마음과 마음이 통하고 눈맞춤을 하며 대화를 하는 순간에는 몰입과 집중을 하게 됩니다. 아이가 갓난아기였을 때는 말을 못하니까 눈을 마주치며 옹알이에 대답해주고 이렇게 상호작용하는 게 중요했는데 초등학생이 되었다고 해서 끝나는 게 아니에요. 계속 마음을 주고받으며 상호작용을 해줘야 합니다.

　아이들이 좀 크면 엄마가 오히려 눈을 피하려고 해요. 저도 개인적으로 그런 경험을 자주 하게 되는데요. 아이의 눈을 바라보는 게 쉽지 않습니다. 앞서 말씀드렸듯 여러 가지 복잡한 내 마음이 있기 때문이에요. 그렇다고 오늘부터 강제로 눈을 맞추려고 하지는 마세요. 여러분이 아이의 눈을 잘 맞추지 못한다는 것을 알게 되었다면 왜 그런 것인지 마음에 불편한 게 있는지를 먼저 살펴보시기 바랍니다. 무의식중에 아이와 눈을 못 마주치고 상호작용을 못하고 있는 것 아닌가 체크하고 자신의 마음을 해결하면서 상호작용에 신경을 쓰는 것이 아이의 집중력에 도움이 됩니다.

사실 상호작용은 어렵습니다. 성인 상담을 할 때도 심리적인 어려움의 공통적인 원인을 짚어보자면 성장과정에서 상호작용을 별로 못해보고 공감을 못 받아본 경우가 많아요. 그렇다면 자라면서 상호작용을 받지 못해서 미흡한 엄마는 어떻게 해야 할까요? 사실 간단히 답을 하기는 어렵지만 가장 중요한 점을 기억해주세요.

먼저 엄마가 자기 자신과 상호작용을 잘해야 합니다. 자신과 상호작용을 잘하는 방법 중 제가 가장 강조하는 방법은 감정 일기쓰기입니다. 일기를 쓰면서 자기 감정을 늘 헤아리고 생각을 헤아려야 해요. 그런 다음에 믿을 만한 사람과 감정을 이야기하면서 진솔한 소통을 해보는 겁니다. 우선 자신과 상호작용하는 법을 잘 알아야 아이와도 상호작용을 할 수 있습니다. 연습 없이 그냥 무작정 부딪치는 건 좋지 않아요. 시간의 여유가 있다면 개인 상담을 받는 것도 도움이 됩니다. 진솔한 상호작용을 경험하는 것이 개인 상담의 가장 큰 의미입니다.

한 가지 더 팁을 말씀드리겠습니다. 집중력의 요인 중에 주의를 유지하고, 주의가 분산되지 않도록 노력하고, 주의가 분산되었다면 다시 돌아오는 것이 중요하다고 말씀드렸었습니다. 주의가 딴데로 갔다가 돌아오지 못하는 이유는 전환이 잘 안 되어서, 딴생각에 꽂혀서 못 빠져 나오기 때문인데요. 딴생각에서 빠져나오는 능력, 이 능력이 좋으려면 인지 유연성이 높아야 합니다.

'인지 유연성'은 아주 쉽게 말해 이럴 수도 있고 저럴 수도 있다는 생각의 유연한 정도를 말하는 것인데요. 이는 부모의 가치관이나 성격, 가족의 분위기에 따라 달라집니다. 우리 가족은 아이에게 너무 획일화된 분위기를 만들어주는 것은 아닌지 한번 점검을 해보면 좋습니다. 아이가 수없이 경험하고 관찰하고 느낀 감정을 유연하게 생각할 수 있도록 반응해주면 좋겠죠. 아이의 감정과 생각에 공감해주는 것도 인지 유연성을 키우는 데 도움이 되고 집중력을 높이는 데도 도움이 됩니다. 그래야 전환이 잘 됩니다. 아이가 딴생각에 꽂혀 있을 때 다그치지만 말고 평상시에 이럴 수도 있고 저럴 수도 있음을 아이와 자연스러운 대화를 통해서 자연스럽게 익히도록 도와주는 거죠. 이럴 수도 있고 저럴 수도 있다고 생각하는 것은 공감에 중요한 밑바탕이 됩니다. 반드시 이렇게 해야만 한다고 말하면 공감이 될 수가 없습니다. 집중을 안 하는 아이의 모습을 보면서도 그럴 수 있다는 생각을 해야 해요. 그래야 문제의 원인으로 다가갈 수가 있어요.

"도대체 왜 집중을 안 하는 거야? 도무지 이해가 안 된다."

이런 식으로 화만 내면 아이의 마음속으로 들어갈 수가 없어요. 원인 파악을 할 수도 없고 해결을 할 수도 없죠. 결국 다른 것과 마찬가지로 부모 자신의 인지 유연성이 떨어지면 아이에게 적용하기 힘듭니다. 그런데 우리에게 원래 있던 인지 유연성마저도 엄마로 살다 보면 경직되는 경우가 많은 것 같습니다.

인지 유연성을 개선하려면 나와 다른 사람과의 상호작용이 가장 중요합니다. 보통 살면서 다른 사람은 멀리하게 되기 쉽습니다. 가장 먼저 이것을 시도해볼 수 있는 사람은 배우자입니다. 그런데 배우자와 육아관이나 교육관이 다른 가정이 많습니다. 다름을 확인하고 해결하려다 다툼이 생기니 점점 소통을 안 하게 되죠. 사실 자녀 교육에서 가장 중요한 자원은 나와는 다른 배우자입니다. 성격 차이로 이혼한다는 이야기는 많이 들어보셨지만, 사실 성격 차이 때문에 결혼했다는 사실은 잘 모르는 분들이 많습니다.

나와 전혀 다른 사람에게 콩깍지가 씌어서 결혼을 하는 이유는 진화심리적으로 나와 다른 배우자를 선택해야 2세를 양육할 때 다양성을 기반으로 유연하게 키울 수 있기 때문입니다. 무의식적 동기가 있어 선택을 했는데 그 자원을 활용하지 못하는 것은 큰 손해입니다. 작게는 나 자신의 인지 유연성을 위해서, 크게는 균형잡힌 자녀 양육을 위해서 배우자와 소통을 지속하시길 권유드립니다. 꼭 합의된 결론에 도달하지 않아도 서로 다름을 확인하는 것만으로도 나의 편향적 시각을 인지하게 되는 의미가 있습니다. 부부가 소통하고 상호작용하는 모습을 아이에게 보이는 것 역시 큰 의미가 있고요.

승부욕이 심한 아이

아이가 승부욕이나 경쟁심이 있다는 것은 에너지가 있다는 뜻이고 에너지가 있어야 무엇이든 열심히 할 수 있으니까 좋은 거죠. 아이가 너무 승부욕이 없어도 부모로서 힘들거든요. 승부욕이 지나치다는 것은 쉽게 말해 지는 걸 못 참는 건데요. 예를 들어 게임을 할 때 꼭 이겨야 한다고 집착하는 거예요. 승부욕이 공부로 잘 연결되면 장점이 있을 수도 있죠. 하지만 승부욕이 심하면 어려움이 계속 찾아옵니다. 학업적인 성취는 이룰 수 있지만 대학에 잘 간다 하더라도 이후에도 계속해서 승부에 집착합니다. 질 수 없고, 지면 안 된다고 생각하거든요. 스스로를 굉장히 힘든 상황으로 몰아넣고 결국에는 역치를 넘겨서 정신적 문제가 발생하는 경우를 정말 많이 봤습니다. 아이가 승부욕이 심하다면 적절하게 관리를 잘 해줘야 합니다.

승부욕이 심한 아이도 지금까지 말씀드린 유형과 서로 영향을 주고받습니다. 예민한 기질을 가진 아이가 승부욕이 심하면 좌절감이 매우 클 것이고 경쟁의 순간에 느끼는 긴장감도 엄청날 거예요. 그래서 더 짜증을 낼 수도 있고 힘들어할 수도 있어요. 그러다가 아예 경쟁 상황을 피해버릴 수도 있고 안 하겠다고 할 수도 있어요. 질 것 같은 상황을 아예 안 만들려고 한다면 그게 의욕이 없는 것으로 보일 수도 있습니다. 자신감이 별로 없을 수도 있고요. 의외로 승부욕이 심한 아이가 자신감이 없는 경우도 있어요. 이기고 싶은데 지니까 좌절감이 커져서 '나는 못하는구나.' 하는 생각에 꽂혀서 자신감이 없어지는 것이죠.

그래서 승부욕은 어떻게 관리하면 될까요? 우선 원인부터 잘 파악해야 합니다. 집중력에서 말씀드린 인지 유연성과도 연결이 되는 부분이 있습니다. 융통성이라고도 할 수도 있는데요. 융통성이 없을수록 승부욕에 집착하게 되는 경우가 많아요. 이길 수도 있고 질 수도 있다는 것을 머리로는 이해하지만 마음속으로는 용납을 못하는 거죠. 융통성은 생각보다는 감정이 더 중요하거든요. 이럴 수도 있고 저럴 수도 있다는 것을 감정적으로 못 받아들이는 거예요.

역시 앞서 말씀드린 것처럼 아이가 경쟁에서 져서 힘들어할 때
는 위로가 잘 안 통합니다. "최선을 다했잖아. 괜찮아. 질 수도 있
는 거야."라는 말이 아무 힘을 발휘하지 못해요. 늘 말씀드리듯이
평상시에 상황을 유연하게 보고 대처할 수 있는 분위기를 만들어
주고 그런 대화를 해야 합니다. 특히 인지 유연성은 부모의 성향
을 많이 따라갑니다. 아이를 키우다 보면 한쪽으로 치우쳐 있던
사람도 갈등을 통해 자신을 돌아보고 조정하게 되는데요. 아이와
의 관계에서, 배우자와의 관계에서, 다른 부모들과의 관계에서 그
런 기회가 많이 있어요. 부모가 이럴 수도 있고 저럴 수도 있구나
하는 융통성을 갖고 있으면 자연스럽게 아이에게도 전달됩니다.

그런데 또 모순되는 경험을 하게 되기도 합니다. 부모가 되면
서 오히려 융통성이 없어지기도 하거든요. 아이에게 올바른 모습
을 보여주고 교육적으로 본보기가 되어야 한다는 압박감 때문에
일관된 모습을 보여주려고 하다 보니, 융통성보다는 일관성을 중
요하게 생각하게 되고 그런 모습을 아이에게 심어주고 싶은 욕구
가 생기게 됩니다. 부모라면 다 그런 마음일 건데요. 일관성만 중
요한 게 아니라는 점을 강조하고 싶습니다. 요즘 사회는 융통성이
이전보다 더 중요해졌죠. 꼭 이렇게 해야 한다는 생각은 점점 사
라지고 있어요. 이렇듯 시대적 변화는 늘 일어납니다. '반드시 그
렇게 되어야 한다'는 생각에 몰입하게 되면, 계획대로 모든 게 잘

진행되었을 때는 유리하겠지만 변수가 생기면 적응을 하지 못합니다. 그 순간에 너무 힘들어져요.

아이에게 경쟁 상황에서 누구든 이길 수도 있고 질 수도 있다는 이야기를 자주 해주면서 융통성을 기르도록 도와주시면 좋습니다. 이때 중요한 것은 결과보다 과정이 중요하다는 사실을 알려주는 것입니다. 평상시에 말만 하는 것이 아니라 엄마도 그 가치를 중요하게 받아들여야 합니다. 말로는 과정이 중요하다고 해놓고 시험에서 몇 점 받았는지 경기에서 이겼는지 졌는지를 물어보며 승부에 집착하면 안 되겠죠. 과정이 중요하다고 했으면서 아이가 1등을 하면 뛸 듯이 기뻐하고 시험을 망치면 분위기가 침체되면 아이도 이제 파악을 하게 되죠. '엄마는 결과를 더 중요하게 생각하는구나.' 하고요. 엄마가 아이를 모질게 대하고 혼을 내지 않아도 분위기만으로도 아이의 정서에 큰 영향을 끼칩니다.

승부욕을 잘 관리해주려면 융통성을 키우고 결과에 집착하지 않는 모습을 보여주는 게 중요합니다. 말로만 과정이 중요하다고 말하고 반대되는 태도를 보이면 아이가 오히려 헷갈려요. 있는 그대로의 과정과 태도와 자세와 내적인 경험에 관심을 가지고 격려해주고 인정해주는 게 너무 중요해요.

✦ 사랑과 존중

당연히 부모는 자식을 있는 그대로 존중해주고 사랑합니다. 승부욕에 많이 집착하는 아이일수록 자신이 뭔가를 잘했거나 잘못했을 때 아이의 마음이 그 결과에 너무 몰입되어 있기 때문에 자칫하면 부모님이 자신의 행동에 따라서 자신을 사랑하거나 사랑하지 않을 것 같은 느낌을 갖게 돼요. 그러니까 더욱 조심해야 합니다.

예를 들어 아이가 경쟁에서 이겼을 때 공감해주고 싶으니까 엄마도 함께 환호하고 기뻐하며 축하해줄 거예요. 그런데 그게 승부욕을 강화하는 행동이 되기도 해요. 아이에게 경쟁에서 지는 일도 있을 수 있고 져도 괜찮다고 말해주는 것도 승부욕을 관리해주는 방법이지만, 아이의 승부욕을 강화시키지 않는 행동을 하는 것도 중요해요. 아이가 이겼을 때 너무 과하게 좋아하지 않는 거죠.

이는 성인과 상담을 할 때 자주 느끼는 점이기도 합니다. 어렸을 때 시험을 잘 봤거나 가고 싶은 대학에 합격을 했거나 경기에서 이겼을 때 엄마의 반응이 정말 큰 영향을 미쳤다는 것이에요. 엄마가 너무 좋아했던 모습, 그때 나를 존중해주고 인정해주었던 느낌이 너무 커서 승부에 더 집착하게 될 수 있습니다. 반대로 엄마가 그렇게 기뻐하는 모습을 보여주지 않으면 있는 그대로의 나는 사랑받지 못하고 존중받지 못할 것 같은 불안을 느낄 수 있어요. 그래서 평상시에 아이가 있는 그대로 사랑받고 존중받는 경험을 많이 하는 것이 좋습니다. 승리의 순간이나 성취의 순간에 기쁨을 과하게 표현하지 않고 절제하는 것도 중요합니다.

✦ 과정 칭찬

과정은 어떻게 칭찬하는 것이 좋을까요? 우선 우리가 과정에 대해 오해하는 것이 있습니다. 열심히 노력하는 것을 과정이라고 일치시키는 경우가 있는데 노력하는 행동만 과정이 아닙니다. 내적인 과정이라는 게 있어요. 내적인 과정은 감정인데요. 아이가 끝까지 잘 붙들고 갈 수 있도록 도와줘야 하는 감정은 바로 즐거움입니다.

게임을 예로 들자면, 게임에서 이기고 지는 것도 중요하지만 그 과정을 즐기는 것이 더 중요하거든요. 컴퓨터 게임이든 운동 경기든 보드게임이든 다 마찬가지고요. 인생 자체도 마찬가지죠. 순간순간 열심히 노력하는 것뿐만 아니라 그 과정에서 스스로가 즐거움을 느끼고 누리는 것도 중요합니다. 열심히 했느냐가 아니라 그 과정에서 좋은 감정을 느끼는 게 승부욕을 관리하는 중요한 방법이 됩니다. 승부를 경험하는 과정에서 긍정적인 감정을 반복적으로 경험하면 긍정적인 정서가 형성되고, 그것 자체가 승부욕 조절에 중요한 것입니다.

아이에게 목표까지 가는 과정의 시간을 즐기고 있는지, 어떤 감정들을 느꼈는지 물어보고 그 자체를 칭찬해주세요. 그다음에 공부에도 적용해줄 수 있습니다. 공부의 과정에도 모르는 것을 알아가는 즐거움이 있고, 아는 것을 쌓아가며 성장하는 즐거움이 있죠. 노력한 행동뿐 아니라 즐거움, 즉 내적 경험을 알아주고 칭찬해주는 것이 승부욕 심한 아이를 다루는 방법입니다.

✦ 아이의 공감 능력

여기서 말하는 공감 능력은 앞서 말한 공감 능력과는 조금 다릅니다. 엄마가 아이의 마음을 헤아려주는 공감 능력이 아니라 '아이가 공감 능력을 가지고 있어야 한다'는 이야기를 하려고 합니다. 승부욕이 강한 아이들에게 동반되는 특징 중 하나는 다른 사람의 입장을 헤아리는 능력이 부족하다는 것입니다. 공감 능력이 낮으면 낮을수록 승부에 대한 집착은 강해집니다. '내가 이기면 누군가는 지고, 내가 지면 누군가는 이긴다'는 입장을 헤아리는 것이 공감 능력이죠. 입장을 바꿔 생각해보는 거죠.

이 공감 능력을 키워주는 것이 승부욕을 조절하는 데 의외로 도움이 됩니다. 이것 역시 아이가 이겨서 너무나 기쁜 상황에서 다른 사람의 입장을 헤아려보라고 말하는 건 안 통합니다. 평상시에 아이가 정서적으로 안정적일 때, 공기처럼 자연스럽게 나의 입장이 있으면 남의 입장도 있음을 이야기해주는 것이 중요합니다.

그런데 이게 또 자칫 잘못하면 내 입장보다는 남의 입장을 먼저 생각하라는 것으로 강조될 수 있으니 주의하셔야 합니다. 특히 우리나라 문화에서는 남을 먼저 배려하는 것이 미덕이라고 생각하는데요. 가짜 공감이 아닌 진짜 공감하는 능력을 키우려면 나를 우선해야 합니다. 나의 마음조차 제대로 알지 못하는 상태에서는 남을 공감할 수 없어요.

앞에서 상호작용에 대해 이야기할 때도 상호작용을 잘하기 위해서는 감정 일기를 써야 한다고 말씀드린 이유가 바로 이것입니다. 먼저 내 감정에 공감하고 이해하며 그런 과정을 편안하게 느껴야 그때 공감 능력이 커지게 됩니다.

공감 능력은 사람마다 능력치가 다를 수 있지만 잠재성을 발휘하는 정도는 감정에 의해 좌지우지되기 때문에 내 감정이 편안할 때 공감 능력이 커집니다. 내 정서가 불안하고 스트레스가 클 때는 공감 능력이 떨어져요. 그 예로 우울증을 가진 사람은 공감 능력이 떨어집니다. 그래서 굉장히 편협해지고 분위기 파악을 못하기도 하고 이기적인 행동을 하기도 하고 다른 사람의 입장을 헤아리지 못하게 되기도 하죠.

✦실패를 통한 배움

실패할 수도 있고 성공할 수도 있다는 인지 유연성을 갖도록 도와주는 또 하나의 방법은 실패를 통해서도 아이가 얻는 게 있다는 사실을 알려주는 것입니다. 실패를 통해 모르는 것을 알게 되기도 하고 부족한 것이 무엇이었는지 점검할 수도 있죠.

그리고 우리가 놓치기 쉬운 게 있는데요. 실패를 통한 좌절감은 아이에게 굉장히 중요한 경험이 된다는 겁니다. 배움의 경험이 되죠. 요즘에는 특히 아이에게 성공만을 경험하게 해주고 싶어서 아이가 조금이라도 좌절감을 겪을까 봐 노심초사하는 엄마들이 많이 있는 것 같아요.

언젠가 강의에서 아이들이 크리스마스 때 산타를 아직도 믿는 가에 대한 이야기를 했더니, 나중에 아이가 큰 다음에 산타가 없음을 알게 됐을 때 배신감을 너무 크게 느낄까 봐 걱정이라고 말하는 분도 있었습니다. 아이는 삶을 살면서 희로애락을 느낄 수밖에 없습니다. 꽃길만 걸을 수는 없어요. 엄마가 아이의 슬프고 힘든 일을 다 통제할 수가 없고요. 아이에게 좋은 것만 해줄 수도 없습니다. 그래서 아이가 좌절감을 경험했을 때 그 감정을 스스로 잘 다룰 수 있는 능력을 키워주는 것이 정말 중요합니다. 실패는 그러한 능력을 키울 수 있는 기회입니다. 실패라는 결과 자체보다는 실패한 후 그 과정을 아이가 혼자 감당하기가 버겁기 때문에 엄마가 옆에서 함께해주면 좋습니다.

하지만 주의할 점이 또 있습니다.

"나는 꼭 성공해야 해야 해. 꼭 이겨야 해. 우리 엄마 아빠는 내가 이기면 좋아해. 있는 그대로의 내가 아니라 이기는 나를 좋아하는 것 같아."

이런 마음이 아이 안에 크게 자리 잡고 있을 때는 실패를 통해서 배울 수가 없어요. 왜냐하면 자기의 좌절감을 공유하지 못하거든요. 좌절한 모습을 들키고 싶지 않아서요. 엄마 아빠가 좌절감을 다뤄보겠다고 아이의 기분을 묻고 공감해주려고 해도 아이는 그저 괜찮다는 말만 합니다. 아무렇지도 않은 척을 해요. 그렇게 이야기할 수밖에 없는 이유는 이미 예전부터 엄마와의 관계에서 부정적인 정서가 오랫동안 쌓여 있었기 때문이에요.

그래서 끊임없이 아이가 자기의 진솔한 마음에 접근할 수 있도록, 그리고 그 진솔한 마음을 엄마에게 공유하더라도 아무 일도 일어나지 않고 안전하다는 것을 알려줘야 해요. 말로 주입하는 게 아니라 그런 분위기를 만들어주는 것이 엄마의 역할입니다. 그래야 실패를 통해서 배울 수 있는 바탕이 만들어집니다.

4부

....

공부정서를
지키는
대화법

우리 아이는
어떤 성향일까

아이에게는 공부와 관련하여 오랫동안 느끼며 형성한 다양한 정서들이 있습니다. 이는 아이의 성향마다 다릅니다. 어떤 아이는 좀 무던해서 정서적인 욕구가 크지 않아요. 독립 욕구나 의존 욕구가 크지 않고, 원하는 것도 많은 것 같지 않은 무던한 아이가 있어요. 그런 아이들은 양육하기나 공부시키기가 조금 수월할 겁니다.

그런데 그렇지 않은 아이들이 훨씬 많아요. 공부할 때 항상 엄마가 옆에 있길 바라고, 옆에 있길 바라지만 간섭하는 것은 싫어서 잔소리한다고 화내고, 자신이 원하지 않는 것을 시킨다고 또 짜증내고요. 이런 경우가 더 흔할 거예요. 보통 공부하면서 스트레스받는 엄마들은 이런 아이들과 부딪혀서 그러는 건데요. 이 자체가 문제인 건 아니고 부모와 자녀의 자연스러운 갈등 단계라고 보면 됩니다. 갈등은 잘 다루면 되는 것이고요. 갈등의 이면에는 감정의 기류가 있는데 엄마의 감정 기류도 있고 아이의 감정 기류도 있습니다. 이때 엄마는 아이의 감정 기류를 읽고 감정을 알아주면 됩니다.

아이의 정서를 읽어주는
마법의 대화법

그렇다면 이제 어떻게 할 것인지 구체적인 방법을 말씀드리겠습니다. 뻔한 말 같지만 제일 중요한 것은 대화입니다. 그래서 아이와의 대화에 관한 육아서도 참 많죠. 하나하나 대본 외우듯 외워서 적용해야 할 것 같은 부담감이 듭니다. 그런데 대화라는 건 어떤 기술이 아니에요. 아이의 감정의 표현형이나 행동의 표현형 뒤에 숨어 있는 진짜 감정을 공감하고 이해해주는 게 대화예요. 많은 엄마들이 '어떻게 말하면 공부하게 할 수 있는지', '어떻게 설득해야 효과적으로 숙제를 시킬 수 있는지' 등 '설득'의 방법을 찾고 있습니다. 그런데 설득은 강압적인 방법을 이용해서 할 수도 있어요. 그건 바람직하지 않죠.

그러면 또 "어떻게 하면 논리적으로 아이를 설득할까요?"라고 물으실 거예요. 여기에도 매우 중요한 함정이 있습니다. 아이들은 논리력이 엄마보다 떨어지고 엄마는 논리력이 아이보다 좋아요. 대등하지 않은 관계에서 논리력으로 아이를 설득해서 아이가 만약에 설득당한다고 치죠. 그러면 아이가 어쩔 수 없이 공부는 할 거예요. 하지만 아이의 마음속에는 억울함이 생겨요. 이게 대등한 싸움이 아닌 걸 느끼거든요. 이게 나중에 쌓이다가 극단으로 갈 수 있습니다. 사춘기 때 반항으로 터지면서 무조건 "안 해!"라고 하는 거예요. 엄마가 원하는 것에는 절대 안 따르는 거죠. 아니면 반대로 아예 복종하기도 합니다.

"아예 복종하면 오히려 더 나은 것 아닌가요?"

절대 아닙니다. 저는 엄마에게 아예 복종하기로 결정했던 사람들이 결국 어떻게 되는지 정말 많은 사례를 봤어요. 아이들이 갈등 상황을 마주하면 고민을 하기 시작합니다.

'어떻게 할까? 내가 하고 싶은 건 이건데 엄마가 강요하는 건 다른 거고. 내가 말 안 들었다가는 더 큰 불이익이 생길 텐데 그렇다

고 해서 내가 이 불이익을 감수할 수는 없어.'

이런저런 갈등을 하다가 자기도 모르게 복종을 선택하는 거죠. 이건 의지로 하는 게 아니라 무의식적으로 하는 거예요. 그리고 아이는 아예 주관적인 마음을 비워요.

'나는 없다. 내 자아는 없다. 내 감정도 없다.'

무감정, 무자아 상태가 되는 거죠. 그래도 시키는 대로 공부는 해요. 그러면 성과는 좀 나옵니다. 그런데 그 이후에 정서가 망가진 사람들이 제 진료실에 찾아옵니다. 대학 잘 가놓고 휴학하거나 자퇴하고, 또는 직장 잘 가놓고 다 때려치웁니다. 그러고나서 떠나요. 자기를 찾아서 떠나는 거예요. 뒤늦게 사춘기가 와요. 실제로 사례가 너무나 많습니다. 이런 최악을 막기 위해서 반드시 점검해야 할 두 가지 질문이 있습니다.

1. 아이의 자율성을 훼손하면서 존중받지 못하는 느낌을 받게 하고 수치스럽게 하는 건 아닌가?
2. 아이의 의존 욕구를 무너뜨리면서 공포심을 조장해서 아이를 외롭게 만드는 건 아닌가?

부모는 항상 아이의 편에 있어야 하고, 동시에 아이를 너무 강압적으로 통제하면 안 됩니다. 그 중간에서 균형을 맞추어야 합니다.

그 균형을 맞추는 게 사실 너무 어렵죠. 너무 어려우니까 최소한으로 할 수 있는 것만 하세요. 대단한 걸 하려고 하지 말고 그냥 옆에 있으면서 감정을 읽기만 해주면 됩니다. 그게 대화법이에요. 많은 분들이 "어떻게 말을 해야 되나요?" 하고 물으세요. 간단히 답할 수 있는 문제가 아니지만 그래도 말씀을 드리자면 딱 세 가지가 있습니다. 바로 '마법의 대화법'이에요.

✦ "그랬구나. 그랬어? 그래? 그럴 수 있겠네?"
"그랬구나."

첫 번째 마법의 말은 "그랬구나."입니다. 많이 들어보셨을 거예요. 방송에서도 많이 보셨을 텐데요. 약간 딱딱한 어투로 보일 수 있으니 자기만의 말투에 맞춰서 일상언어로 바꿔보세요.

"아~그랬어?"
"오~그래?"
"그럴 수 있겠네?"

조금 더 엄마의 경험을 섞어 얘기해도 돼요.

"엄마도 옛날에 그랬었던 것 같아."

엄마가 되면 아이를 설득하기 위해서는 흠을 보이면 안 된다는 생각을 하는 분들이 있어요. 나의 실패담을 얘기하는 걸 꺼려하시는데 그 얘기를 하셔야 해요. 그래야 아이의 마음이 열리거든요. 아이가 지금 숙제를 해야 하는 시간인데 게임 먼저 하고 싶다고 하면 어떻게 말해야 할까요?

"엄마, 나 게임 먼저 하고 숙제할래."
"그래? 그러고 싶겠다."

이런 식으로 대화를 해보세요. 그렇게 답을 했다가는 게임을 하게 해야 될 것 같아서 말하지 못하는 분들이 많은데요. 게임 주제를 피하지 말고 조금 더 깊이 들어가도 돼요.

"게임하고 싶구나. 얼마큼 하고 싶어? 뭐 하고 싶어?"

게임을 먼저하고 숙제하는 게 좋은지, 숙제하고 나서 게임하는 게 좋은지는 사실 안 중요해요. 그 순서는 아이의 성향마다 부모의 가치관마다 다르거든요. 본질, 즉 숙제만 하면 돼요. 부모와 아이가 생각과 감정을 공유하는 과정이 중요하다는 거예요.

제가 권유드리고 싶은 건 아이와 시행착오를 함께해보시라는 겁니다. 시행착오 해도 돼요. 아이가 해봐야 해요. 게임 먼저 하면 분명히 게임의 시간이 늘어날 것이고 게임하고 나면 지쳐서 효율이 떨어지니 숙제하는 시간은 더 늘어나고 숙제는 못 할 거예요. 그러면 내일 계획이 틀어지죠. 숙제량은 더 늘어나고요. 그걸 아이가 경험해봐야 해요. 이때 엄마가 끼어들면 안 돼요.

"거봐. 너 게임 먼저 했더니 안 되지? 공부 먼저 해."

결과를 근거로 아이의 잘못된 판단을 지적하면서 설득해서 유도하려고 하지 마세요. 설득은 최대한 뒤로 미뤄야 합니다. 사실 안 해도 돼요. 아이도 이미 다 알거든요. 대신 그 순간에 아이의 말과 행동 이면에 있는 감정을 공감해줘야 합니다. 아이도 좌절감이 들거든요.

'내가 게임을 먼저 하고 나서 숙제할 수 있을 줄 알았는데 못하네. 게임 생각이 자꾸 나서 집중도 더 안 되는 것 같고. 엄마한테 할 수 있다고 호언장담했는데 창피하다.'

이런 아이의 마음을 읽어줘야 해요.

✦ "해봤더니 어때? 그래서 어때?"
"해봤더니 어때?"
"그래서 어때?"

두 번째 마법의 말입니다. 감정을 읽기 위해서는 우선 감정보다는 접근이 수월한 생각을 물어보는 게 도움이 돼요. 아이들은 생각에 익숙하거든요. 어른들도 마찬가지고요. 생각을 얘기하다 보면 이면에 있던 감정이 좀 느껴지고 말로 나와요.

"숙제 다 못했네. 지금 마음이 어때?"
"내일 숙제 못 해서 선생님한테 혼날 것 같아."

이런 식으로 얘기할 수 있어요. 이것은 생각이에요. 머릿속에서 미리 시나리오가 그려지는 거죠. 엄마는 그게 감정이 아닌 생각이라는 걸 구분할 수 있어야 구체적으로 한 번 더 물어봐줄 수 있고, 그래야 아이가 자신의 감정에 다가갈 수 있습니다.

"아 그렇구나. 선생님한테 혼난다는 게 어떤 건데?"
"선생님이 조금 무서운 표정으로 세게 말하는데 그 순간이 왠지 무서워. 내가 엄청난 잘못을 한 것 같은 느낌이 들고 다른 애들 앞에서 창피한 것 같기도 해."

대화를 하다 보면 이런 복잡한 감정들을 알게 돼요. 아이도 어른만큼 감정과 생각이 복잡합니다. 예를 들어 학원을 못 가겠다고 하는 아이의 마음에는 이런 생각이 있는 거예요.

'학원에는 나랑 친한 애들도 있는데 내가 친구들보다 시험을 못 보면 창피할 것 같아. 학교에서는 공부를 어느 정도 잘한다는 이미지가 있는데 학원 친구가 학교 친구에게 소문을 내서 내 이미지가 바뀔까 봐 걱정돼. 나보다 시험을 잘 본 친구에 대한 질투심도 들 것 같아. 걔가 원래 잘난 척이 심한 편인데 분명히 은근히 자랑할 거야. 날 무시하는 말투로.'

이런 식의 수많은 시나리오가 아이들 머릿속에 있습니다. 이러한 상상을 엄마가 옆에서 들어주고 공감해줘야 돼요.

"그러다 보면 아이가 너무 그런 상상과 감정만 붙들고 있다가 마음만 약해지고 공부를 못하게 되지 않을까요?"

아니에요. 이미 아이의 마음에 있는 감정을 읽어주고 공감해주면 오히려 해결이 됩니다. 그게 바로 감정의 해소이고, 그런 과정을 반복해야 감정을 조절하게 돼요. 비로소 그 감정에 붙들려 있지 않고 해야 할 일을 할 수 있게 되는 거죠.

감정을 공유하고 해소하고 그 감정을 조절한다는 개념은 아이에게 수년에 걸쳐서 자리 잡아요. 한 번에 자리 잡는 게 아니에요. 이 일을 초등학교 저학년일 때, 고학년이 되었을 때도 중학생이 되어도 계속 함께해줘야 해요. 아이가 커가면서 정도의 차이, 누가 주도하느냐의 차이만 생길 뿐이죠. 이것이 엄마의 중요한 역할이에요.

단순히 공부 잘하게 만들려고 이런 대화법을 알려드리는 게 아닙니다. 이게 왜 중요하냐면 이 과정을 통해 아이의 자아가 점점 강해지기 때문이에요. 자아가 탄탄해졌었을 때 주도적으로 자기가 하고 싶은 마음이 생기는데요. 앞서 말한 내적 동기라는 게 바로 그거예요. 나에게 자율성이 있고, 내 옆에는 늘 내 편이 되어줄 사람이 있어서 유대감이 있다고 확신할 때 진짜 내적 동기가 생기고 목표한 걸 끈기 있게 끌고갈 수 있는 힘이 생깁니다.

사춘기 이후로는 엄마가 할 수 있는 게 별로 없습니다. 그때 아이가 스스로 뭐든 하기 위해서는 몇 년 동안 이런 작업들을 물밑에서 진행하고 있어야 해요. 이게 바로 긍정적인 공부정서를 만들어주는 작업이에요.

아이들이 사춘기 때 공부에 집중하지 못하는 중요한 이유 중 하나가 관계입니다. 아이가 고립되면 안 돼요. 아이는 엄마한테 얘기하기 싫은 마음도 있지만 엄마한테 얘기하고 싶은 마음도 항상 있거든요. 이 두 가지 마음이 늘 갈등해요. 아이가 마음의 문을 닫지 않도록 엄마의 노력이 필요합니다. 그러려면 어렸을 때 공부를 시작하는 시기부터 매 순간 아이의 다양한 내적 경험을 같이 참여해주세요. 판단하려 하지 말고 아이의 마음부터 읽어주세요. 그러려면 엄마의 관심이 아이의 행동 자체가 아니라 아이의 행동 이면에 숨은 정서에 있어야 합니다.

✦ "그러면 어떨 것 같아?"

여러분은 대부분 자라면서 부모로부터 정서적 지지를 많이 받지는 못했을 거예요. 그 시절엔 요즘처럼 육아 정보가 많지 않았기 때문입니다. 내가 정서적 지지를 제대로 경험한 적이 없으니 아이에게 정서적 지지를 해주는 것도 익숙하지가 않을 겁니다. 그래서 더 자꾸 시도해봐야 해요. 앞에서 말씀드린 마법의 말을 꼭 활용해보세요.

"그랬구나."
"그래서 어땠어?"

그다음 단계에서 할 수 있는 조금 더 구체적인 방법은 '끝까지

가보기'입니다.

"그러면 어떨 것 같아?"

시나리오를 끝까지 써보는 거예요. 새로 쓰는 게 아니라 이미
아이의 마음속에 있기 때문에 무궁무진한 시나리오가 나옵니다.
다양할 뿐 아니라 더 깊어지기도 해요.

"애들은 다 시험 잘 보고 나만 못 보고 그러다가 학원에서 나만
낮은 레벨 반에 갈 것 같아."

그런데 일부러 마음에 없는 말을 하는 아이들이 많아요.

"어떨 것 같아?"
"나는 시험 못 봐도 괜찮을 것 같은데."

이때 중요한 건 아이의 마음이 100% 진심이 아니라는 확신을
가지는 것입니다. 아이의 말을 의심하라는 게 아니에요. 섬세하게
아이의 마음에 관심을 기울여야 한다는 것이죠.

"나는 아무 생각 없어. 난 막 살 거야. 나는 그냥 놀면서 평생 살
거야. 아무 상관없어."

아이가 이런 말을 하지만 이게 다 자존심 싸움이에요. 반대쪽으로 가는 거예요. 엄마가 자꾸 하라고 하니 반항심에 "나 안 해."라고 하는 그 뉘앙스거든요. 역시 똑같아요.

"그렇구나."

우선 넘어가야죠. 아이가 사실은 이런 반항의 마음만 있는 게 아니라 자기도 잘하고 싶은 반대쪽의 마음이 있는데요. 반항의 마음을 그대로 인정해주면 오히려 반대쪽의 잘하고 싶은 마음을 보게 돼요. 그러면 그다음 날이든 아니면 조금 있다가든 또 물어봐야죠.

"안 했더니 어때?"

여전히 "괜찮아. 상관없어."라고 말을 할 수도 있죠. 하지만 언젠가 아이 마음이 비교적 편안할 때에 "재미없어. 걱정돼."라고 답할 수도 있어요. 이건 엄마와 마음이 가깝고 엄마를 의지하고 싶을 때 할 수 있는 대화예요. 그래서 정서를 읽는 대화법은 공부할 타이밍에 시작하는 게 아니라 영유아 때부터 해야 합니다. 평상시에 자기 감정의 흐름을 엄마가 옆에서 지켜보고 같이 가준다는 것을 되도록 빨리 경험하게 해줘야 해요. 빠를수록 좋지만 늦었다고 생각할 때라도 그때부터 꾸준히 쌓아가면 됩니다.

이러한 섬세한 상호작용이야말로 육아의 기본이고, 교육에도 이러한 기본기가 적용이 됩니다. 감정의 상호작용이 잘 일어날 때 아이가 자기 마음속에 있는 두 가지 마음을 볼 수 있게 되고 엄마도 다 같이 봐줄 수가 있어요. 그러면 아이도 엄마가 자신을 정서적으로 지지한다고 느끼게 돼요. 마음을 공유하는 것도 결국은 말로 해야 되는 거라서 마법의 대화라고 말씀드렸지만 사실은 그보다 태도가 중요합니다. 행동 이면의 복잡한 마음을 이해하려는 태도 말입니다.

✦ 완벽주의자 아이의 마음을 편하게 해주는 팁

아이의 마음을 읽어주는 또 다른 팁을 하나 말씀드릴게요. 특히 완벽주의가 심하고 욕심이 많고 경쟁심이 많은 아이일수록 잘하고 싶어서 더 공부를 안 하는 경향이 있습니다. 이게 회피예요.

'나는 정말 잘하고 싶은데 공부하다 보면 안 풀리는 게 분명히 생길 거야. 그때 난 잘 못해낼 것 같아.'

불안감이 올라와서 아예 시작을 안 하는 아이들이 꽤 많습니다. 그럴 때도 그 마음을 읽어줘야 해요.

"오늘은 딱 한 문제만 풀자."

정말 딱 한 문제만 풀자고 하는 거예요. 안 풀어도 돼요. 혹은 더 쉬운 미션을 주셔도 돼요.

"책상에만 앉자. 공부 안 해도 돼."

아이의 부담감을 확실하게 내려줘야 해요.

"진짜? 진짜? 하나만 풀어도 돼?"
"응. 하나만 풀어."

그러면 대부분의 아이들은 정말 문제 하나만 풀고 끝낼 건데요. 하지만 풀다 보니 풀리니까 긍정적인 마음이 들고 자신감이 생겨요. 그러면 하나 더 풀고 몇 문제를 더 풀고 그러다가 또 좌절감을 맛보게 되기도 할 거예요.

"막혔어? 모르겠어?"
"알려줄까? 아니면 생각해볼래?"

이런 식으로 계속 옆에서 중계해주면서 문제가 풀리고 안 풀리는지 뿐만 아니라 이면에 있는 감정들, 문제가 잘 풀렸을 때와 안 풀렸을 때의 감정을 잘 읽어주세요. 그다음에 또 설명을 해주세요. 그럼 설명을 알아들을 때도 있고 못 알아들을 때도 있을 거예요.

"처음에는 모를 수도 있어."
"한 번 더 설명해줄까? 아니면 조금 더 생각해볼래?"

이런 식으로 계속 선택지를 주면서 자율성을 존중해주세요. 그 이면에 있는 감정을 옆에서 공감해주면서 언제나 아이 편이라는 느낌을 계속 주세요. 두 가지를 꾸준히 하는 게 제일 중요합니다. 엄마 마음이 조급하면 이게 안 돼요. 찬찬히 편안한 공부정서를 만들어주는 게 너무나 중요합니다.

✦ 공부 가르치다가 화가 날 때 꿀팁

문제는 앞서 언급한 마법의 말을 쓰면서 아이의 자율성을 존중하고 감정을 알아주는 대화를 해보려고 하지만 화가 치밀어오르는 순간이 있다는 거예요. 이론적으로는 다 알고 있고 간단해 보이지만 실제로 너무나 어렵습니다. 부모도 감정이 있으니 아이가 잘 안 따라주면 화가 날 수 있죠. 당연히 그럴 수 있어요.

그런데 이런 얘기를 아무리 해도 잘 안 됩니다. 안 되는 이유는 감정 때문이죠. 다들 알고는 계실 거예요. '내가 전략을 잘 짜고 대화법을 익히고 들어줘야지! 이면의 감정을 잘 헤아리고 옆에 있어 줘야지!'라고 머리로 아무리 생각해도 막상 옆에 있으면 울컥울컥 화가 올라와요. 그런데 이런 감정이 올라올 때도 있고 안 올라올 때도 있다는 거예요. 감정이 안 올라올 때 대화를 해야 합니다. 만약 화가 났다면 그걸 우선 조절해야 하는데 물리적인 거리를 두면 심리적으로도 조금 진정되는 효과가 있습니다.

그래서 저는 이제 아이들을 가르칠 때 배턴터치하는 게 너무 좋아요. 아내가 아이들을 가르치면서 막 화내고 있으면 저는 어느새 천사가 되어 있거든요. 하지만 대부분 엄마나 아빠 한 사람이 공부를 맡고 있어서 그게 너무 좋지만 배턴터치를 할 수 없는 경우가 더 많죠. 저도 그럴 수 없는 상황이 당연히 있고요. 그럴 때는 우선은 그 자리에서 벗어나면 좋아요. 잠깐 자리를 피하고 호흡하며 감정을 다스리는 겁니다.

화가 나는 상황에서도 진솔함이 중요합니다. 그런데 많은 분들이 아이한테 내가 진솔했다가는 흠 잡힐 것 같은 느낌 때문에 감정을 들키지 않아야 한다고 생각합니다. 진짜 중요한 게 뭐냐면 아이도 다 안다는 거예요. 이미 알아요. 엄마의 숨소리만 들어도 알아요. 그때 이미 아이의 정서는 작동하고 있습니다. 엄마가 화를 내지는 않았지만 지금 이 단계면 그다음 단계는 뭐가 더 센 게 올 거라는 걸 아는 거죠. 이미 아이의 부정적인 정서가 활성화되고 있는 거라서 이때는 상황을 계속 이어가면 안 돼요. 그래서 솔직하게 얘기해야 해요.

"엄마가 마음이 힘들어서 좀 쉬고 올게. 이따가 다시 보자."

이 얘기만 하고 깔끔하게 벗어나야 합니다. 조금 마음이 진정된 후에 다시 와서 공부를 가르치고 대화하면 돼요. 그러면 또 괜찮아져요, 거짓말처럼. 그래서 이 물리적인 거리두기가 너무 중요해요.

그렇다면 아이와 떨어져 잠깐 쉬는 시간에 어떻게 나의 감정을 해소하면 좋을까요? 어떤 사람은 카톡으로 믿는 사람한테 수다 떨며 풀 거고, 어떤 사람은 음악 들을 거예요. 이런 식으로 마음이 회복된 다음에 다시 시작해야죠. 이 시간이 아깝다고 지금 당장 숙제시켜야 된다고 붙들고 늘어져 있다고 한들 악순환만 돼요.

엄마의 감정이 상한 상태에서는 아이의 감정을 절대 헤아리지 못해요. 척은 할 수 있죠. "그랬구나", "어때?"라는 두 가지 마법의 단어로 돌려막으면서요. 그런데 말이 중요한 게 아니라 대화에서는 비언어적 소통이 더 중요하다고 말씀드렸습니다. 엄마의 마음이 진심이 아닌 걸 아이도 압니다. 엄마도 사람이고 감정적인 존재라서 내 마음이 조금이라도 괜찮을 때 공부를 가르쳐야 해요.

이 과정이 매끄럽게 안 된다고 해서 절대로 좌절할 필요 없습니다. 감정을 이해하고 갈등을 풀어가기 조금 더 수월한 아이가 있고 어려운 아이가 있어요. 하지만 길게 보면 결국에는 필요한 과정입니다. 단순히 아이의 성적을 올리고 숙제를 시키기 위해서가 아니라 아이와의 건강하고 좋은 관계를 위해서도 필요해요. 나중에 아이가 독립적인 인격으로 성장하기 위해서는 엄마와 힘겨루기 하는 갈등의 시기가 발달 과정상 매우 필수적입니다. 그 과정을 잘 거쳐야 자아가 견고해지거든요. 그런데 자아가 견고해지지 않은 채 성인이 되어 수많은 문제가 발생합니다. 따라서 이 과정이 힘들어도 꼭 거쳐야 된다는 말씀을 드립니다.

정서를 지키는 대화

아이가 스스로 공부를 하고 싶어지는 마음, 즉 내적 동기가 생기려면 반드시 독립 욕구와 의존 욕구가 충분히 충족되어야 합니다.

그렇다면 정서를 어떻게 다루어야 할까요? 정서는 눈에 보이는 게 아니고 형태가 없어요. 형이상학적이기도 해서 더 어려운 주제인데, 그나마 정서를 잘 다룰 수 있는 방법 하나를 꼽자면 대화입니다. 소통하는 거예요. 말뿐 아니라 비언어적으로도 소통을 해야해요.

사실 정신과 의사가 감정을 다루고 정서를 다룬다고 할 때, 뭔가 특별한 물리적인 행동을 하는 건 아니거든요. 그저 집중해서 잘 듣고 신중하게 말하는 거예요. 바로 대화를 통해서 상호작용을 하는 거죠. 아이와 관계에서 가장 신경써야 하는 것 역시 바로 이 부분입니다. 대화를 하는 것이죠. 그래서 요즘 말과 대화를 주제로 한 책도 많고 육아법도 많고 내용도 좋은데 아쉬운 점이 있었습니다. 중요한 이야기가 빠져 있더라고요. 근본적으로 대화의 가장 큰 원칙, 교육의 대원칙이 있는데요. 왜 대화가 중요하고 어떤 마음으로 대화를 해야 되는지에 대한 원칙입니다. 대화를 잘하기 위해서는 먼저 이것을 이해하는 것부터 시작을 해야 하는데요. 그래서 그 얘기를 먼저 드리려고 합니다.

✦수용과 통제

아이들이 점점 자라면서 엄마 말을 안 듣고 문제 행동을 하거나 엄마 마음에 들지 않는 행동을 할 때가 있습니다. 이때 그냥 내버려둘 것인지 그때마다 바로잡아줄지 늘 고민스럽죠. 내버려두자니 버릇없는 아이가 될 것 같고, 매번 통제하자니 수동적인 아이가 될 것 같고요. 엄마는 늘 이에 대해 고민하죠. 나중에 공부나 숙제를 시킬 때도 마찬가지입니다. 앞서 육아의 대원칙이자 교육의 대원칙을 소개했습니다.

수용할 것인가? 통제할 것인가?

이 두 가지를 구분하는 것이 매우 중요해요. 아이의 행동을

100% 받아줘야 할 것이 있고 부모의 가치관이나 여러 가지 이유로 인해 통제를 해야 할 것이 있어요. 단호하게 구분해서 결정해야 합니다. 이때 구분의 기준이 무엇일까요? 식사 전 간식은 통제, 식사 후 간식은 수용일까요? 주중에 게임 1시간은 통제, 주말에 게임 1시간은 수용일까요? 이렇게 각 항목별로 구분하는 것이 아닙니다. 어떤 상황에서도 수용할 것이 있고 통제할 것이 있습니다. 그것을 구분하는 접근을 해야 합니다.

쉬운 것부터 말씀드릴게요. 우선 어떤 상황이든 고민도 하지 말고 무조건 다 받아줘야 하는 게 있습니다. 바로 마음이에요. 아이의 마음은 다 받아줘야 합니다. 마음 안에는 정서, 감정, 생각, 더 나아가 욕구, 의도 등이 담겨 있어요. 이 모든 걸 온전히 받아줘야 해요. '그런데 이걸 다 받아주면 아이가 버릇없어지지 않을까?' 마음 한편에서 이런 두려움이 들 거예요. 확실한 건 마음을 받아주는 것 자체는 아무 문제가 없다는 겁니다. 버릇이 없어지거나 문제 행동이 나타나는 것은 마음을 받아주는 것 때문이 아니라 다른 행동적인 영역에서 생긴 문제 때문이에요. 버릇없는 행동을 하는 것을 통제 없이 방치하거나 반대로 지나치게 강압적으로 행동을 통제할 때 문제가 일어납니다.

제가 매우 안타깝고 걱정되는 게 있습니다. 저는 부모의 심리에 대한 책을 쓰고 강의를 하고 영상 콘텐츠를 만들어 올리는 일을 하는데요. 가끔 댓글이나 포스팅으로 후기를 올리신 분들의 글을 보면 "정우열 선생님이 그랬다. 엄마가 화내도 된다고 했다." 이렇게 오해하는 분들이 있습니다. 많이 안타깝습니다. 이들은 무엇을 수용해야 하는지 무엇을 통제해야 하는지 구분을 못하는 거예요. 아이를 향한 수용과 통제도 중요하지만 엄마인 나를 향한 수용과 통제도 중요합니다. 화가 나는 나의 마음은 수용해주되 화를 내는 행동은 하면 안 됩니다.

화나는 감정이 엄마의 마음속에 생기는 것 자체는 자연스럽습니다. 그럴 수 있습니다. 그런 내 마음은 수용해도 됩니다. 하지만 행동은 조절해야 합니다. '화가 나서 하는 행동'이나 '화가 나서 하는 말'은 조절해야 해요. 감정 조절이라는 게 또 내가 '잘 조절해야지.' 하고 각오를 단단히 한다고 해서 되는 게 아니에요. 나의 마음을 헤아리다 보면 저절로 조금씩 조절이 됩니다. 이렇게 나의 마음을 이해하고 수용하면서 마음과 행동은 늘 구분해야 합니다.

역시 아이를 돌볼 때도 마찬가지예요. '아이의 마음은 수용하고 행동은 적절히 통제한다.' 이게 육아의 대원칙이자 교육의 대원칙이라고 말씀드렸죠. 그런데 이게 또 의구심이 들기도 할 거예요. '과연 그럴까? 어차피 아이로서는 결과적으로 통제를 받는 건데 똑같지 않을까? 어쨌든 엄마는 행동을 못하게 하는 건데 아이의 마음을 받아주더니 결국 행동을 못하게 하면 더 아이가 배신감을 느끼고 엄마를 더 이상 신뢰하지 않을 것 같고 일관성이 없다고 생각하지 않을까?' 절대 그렇지 않다고 확실히 말씀드립니다.

아이가 자라면서 감정도 더 섬세해지고 구체적으로 느낄 수 있게 되는데요. 예를 들면 아이와 마트를 갔는데 사고 싶은 장난감을 발견했을 때 아이는 가지고 싶은 마음이 듭니다. 집에 비슷한 장난감이 있는지, 온라인 쇼핑몰이 더 저렴한지, 사고 싶은 걸 다 살 수는 없는지 등의 합리적 판단은 안 합니다. 그저 저 장난감이 너무 신기해 보이고 가지면 한동안 즐겁게 놀 수 있을 것 같은 거죠. 그때 엄마는 우선 구매를 통제하는 것에만 집중하기 쉽고, 그러다 보면 아이의 마음을 놓치게 됩니다. 아이가 그 장난감을 왜 가지고 싶은지 어떤 점이 매력적으로 보이는지 그래서 얼마나 가지고 싶은지를 먼저 들어줘야 합니다. 그렇게 들어주고 나서 합리적인 판단이나 엄마로서의 가치관에 의해 구매를 통제할 수도 있고, 안 할 수도 있는 것입니다. 결국 장난감을 사주지 않으면 그 순간에는 실망감이 들겠지만 아이의 마음을 헤아리는 과정 없이 통제하는 것과는 큰 차이가 있습니다. 수용과 통제가 동반되는 경험을 반복할 때 아이는 '엄마가 장난감을 안 사줘서 아쉽지만 그래도 내가 얼마나 사고 싶은지는 잘 이해하고 그런 내 마음을 존중하고 있는 것 같아.'라는 엄마에 대한 신뢰감이 생깁니다.

아이들은 마음을 수용받는 경험을 반복할 때 자신의 마음을 받아주는 존재를 믿고 신뢰하게 되어 있습니다. 그리고 누군가 자신의 마음을 읽어주고 알아줄 때 존중받는 느낌이 들어요. '내가 하고 싶은 대로 못하게 했다, 나의 행동을 통제했다' 이런 부분은 2

차적인 문제예요. 우선은 자신의 마음이 가장 커요. 점점 아이가 성장하면서 이러한 감정도 구체적이고 섬세해지는데요. 그 부분을 헤아려줌으로써 아이의 정서가 잘 만들어지는 겁니다. 수용받고 존중받는 느낌을 반복적으로 경험해야 아이의 정서가 잘 조절돼요. 행동은 엄마의 가치관과 여러 가지 상황에 따라 수위를 정하고 통제하면 됩니다. 수용해야 할 것과 통제해야 할 것을 반드시 꼭 구분해야 합니다.

그런데 '그래. 아이의 감정은 수용하고 행동은 적절히 통제해보자. 이제 준비됐어.'라고 결심한다고 해도 엄마의 수용적인 마음을 모르는 아이는 자신의 마음을 엄마에게 표현할 줄 모릅니다. 아이가 표현을 하지 않는데 그 마음을 엄마가 이해하고 수용할 길도 없습니다. 아이 마음을 엄마가, 엄마의 마음을 아이가 이해하는 방법은 역시 대화예요.

아이와 대화하는 법에 대해 소개한 책을 보며 이럴 때는 이렇게 대화하고 저럴 때는 저렇게 대화하는 모범답안을 외워서 하는 대화법은 한계가 많을 수밖에 없어요. 답을 외워서 기계적으로 대응하는 것이기 때문에 정서적인 소통이 자연스럽게 이루어지기가 힘들어져요. 객관적인 상황에서의 정답에 집중하기보다는 제일 근본적인 엄마 마음의 태도에 집중하고, 엄마가 할 수 있는 선에서 구체적인 대화를 하면 돼요. 사춘기 아이와 대화하는 방식도 마찬가지입니다. 이 대화법은 평생 적용됩니다. 아이와의 대화뿐만 아니라 부부 사이의 대화에서도 마찬가지이고, 다른 인간관계에서도 마찬가지입니다. 정서를 다루는 대화법의 핵심은 딱 세 가지입니다.

1. 아무 말 안 하기
2. 말하고 싶게 하기
3. 결론 내지 않기

"'아무 말 안 하기'라니…. 대화법을 알려준다면서 말을 하지 말라고요?"

"저도 아이가 말을 하게 하고야 싶죠. 그런데 어떻게 해야 할지 모르겠어요."

"결론을 안 낸다고? 그럼 대화는 왜 하는 거죠?"

핵심 세 가지를 보자마자 이런 의구심이 드셨을 텐데요. 지금부터 하나씩 자세히 말씀드리려고 합니다.

✦ 대화의 목적

우리는 아이와 대화를 왜 할까요? 아이를 똑바로 잘 자라게 하기 위해서 대화를 하는 걸까요? 아이한테 뭔가를 가르치기 위해서, 바람직한 행동을 이끌기 위해서 대화를 하는 걸까요? 뭔가 결과물을 잘 만들기 위해서 또는 문제를 해결하기 위해서 대화를 하는 걸까요? 그것도 목적이기는 하지만 부수적인 목적이고 근본적인 목적은 아닙니다. 우리 가족, 부모와 자식 간에 하는 대화는 직장 동료나 업무상 관련된 사람들과 하는 대화와는 전혀 달라야 해요. 소통의 목적이 다르거든요.

〈업무상 대화의 요소〉

업무 관계에 있는 사람들과는 의견이 다를 때 상대방의 마음을 내 쪽으로 끌고 오기 위해 설득하는 대화를 자주 합니다. 정보를 주고받을 때 잘못된 부분이 있으면 그 정보가 사실인지 아닌지 확인도 하고요. 문제가 발생하면 대책을 논의하기 위해 회의도 합니다. 일하다 오해나 갈등이 생겼을 때 서로 불편한 관계를 개선하기 위해 화해의 대화를 하기도 합니다. 일반적인 대화의 형태는 이렇습니다. 하지만 부모와 자식 간의 대화는 이렇게 흘러가지 않아요. 부모와 자식 간의 대화의 핵심은 다릅니다. 그럼 가족 간에 대화를 왜 하는 것일까요? 소통을 왜 하는 것일까요?

가족이 대화하는 이유는 일을 처리하기 위해서가 아닙니다. 이는 부모와 자식 사이에서도 부부 사이에서도 마찬가지인데요. 가족이 대화를 하는 목적은 관계를 잘 형성하기 위해서예요.

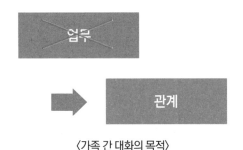

〈가족 간 대화의 목적〉

정서적으로 안정된 관계, 돈독한 관계, 믿을 수 있는 관계, 신뢰감을 주는 관계, 사랑을 주고받는 관계, 유대감을 충분히 느끼는 관계를요. 앞서 말씀드린 인간의 두 가지 욕구인 의존 욕구와 독립 욕구를 충족시키기 위해서예요. 관계를 잘 맺어서 돈독한 유대감을 경험하고 친밀감과 사랑을 경험하기 위해서 대화를 합니다. 또한 개별적 존재로 인정받고 존중받기 위해 대화를 합니다. 엄마는 아이에게 이러한 욕구가 충족되는 경험을 제공해주기 위해 대화를 하는 겁니다. 아이를 키울 때 아이와 대화할 때 꼭 기억하셔야 합니다.

"내가 아이와 대화를 하는 이유는 관계를 잘 맺기 위해서이다."

　부모와 자식 사이에서 가장 중요한 부분입니다. 대화도 결국은 수단이죠. 결국 정서적으로 잘 소통하기 위한 수단으로 대화를 이용하는 것이에요. 그런데 대화에 대해 오해하는 부분이 있습니다. 제가 공부정서와 관련된 유튜브 영상을 올리자 이런 질문들을 많이 하셨습니다.

　"지금 이 상황에서는 어떻게 말해야 될지 모르겠는데 어떡하죠?"
　"아이가 숙제를 안 하려고 할 때 저는 이렇게 말하고 있는데 이말이 맞나요?"
　"이럴 땐 어떻게 말해야 되나요?"

　다들 '이럴 땐 이렇게 말하라'는 답을 듣고 싶어 하는 것 같아요. 고민되는 상황을 단번에 해결할 수 있는 모범 답안이나 현명하게 대처할 수 있는 최고의 답이 있을 거라고 생각하는 것 같습니다. 그게 모두 대화에 대한 고정관념이 있어서 그렇습니다.
　대화는 크게 나누면 말하기와 듣기입니다. 이 둘 중에서 어떤 것이 더 중요할까요? 당연히 듣기입니다. 저도 예전에 정신과 의사를 처음 할 때는 좀 의외였어요. 정신과 의사는 환자에게 조언을 잘해주거나 위로의 말을 해서 건강한 감정으로 회복하는 데 도움을 주는 역할을 해야 하니까 말솜씨가 중요하겠다는 생각을 했거든요. 그런데 전혀 그렇지 않았습니다. 반대로 경청의 힘이 더 중요합니다. 잘 들어야 돼요. 외과 수술하는 의사는 손을 다치면 안 된다고 하는데, 정신과 의사는 어디를 다치면 안 될까요? 입이 아니라 귀입니다. 잘 듣지 못하면 아무것도 못해요. 말은 굳이 안 해도 돼요. 내가 정말 잘 듣고만 있으면 표정, 자세, 태도 등으로도 상대방의 말을 내가 경청하고 있고 상대방을 존중하고 있고 그 정서를 내가 같이 함께하고 있음을 상대방이 느낄 수 있어요. 이런 것들은 꾸며서 되는 게 아니라 굉장히 진정성이 있어야 합니다. 아이와 대화할 때는 말을 잘할 필요가 없습니다. 멋진 대사가 아니라 아이의 말을 잘 듣고 감정과 생각을 존중해주는 것이 중요합니다.

정서적 대화법 1
- 아무 말 안 하기

아이와 대화할 때 엄마가 잘 듣지 못하는 가장 큰 이유는 자기가 자꾸 말하려고 하기 때문이에요. 엄마에게는 모두 아이를 잘 교육해야 하고 훈육해야 한다는 압박감이 있어요. 아이의 버릇을 잘 들여야 하고 가정교육을 잘 받아서 인성이 좋다는 말을 들어야 한다는 생각도 있습니다.

이런 불안이 크기 때문에 아이한테 도움이 될 말을 해야 한다고 생각해서 긍정적인 영향을 미치고자 말을 잘하고 싶어집니다. 그래서 책도 읽고 말 잘하는 엄마를 굉장히 부러워하기도 해요. 그런데 중요한 것은 '어떻게 말을 잘할까'가 아니라 '어떻게 말을 잘 들을까'입니다.

✦ 어떻게 하면 말을 잘 들을 수 있을까?

아무 말도 하지 않는 게 최고의 전략입니다. 아이랑 얘기하다 보면 아이보다 내가 훨씬 경험이 많고 아이가 지금 말하는 상황을 잘 알겠고 다 경험해봤기 때문에 조언을 해주고 문제를 해결해주고 싶을 거예요. 또한 사랑하는 내 아이는 내가 겪은 시행착오를 겪지 않기를 바라는 마음도 있습니다.

그건 아이를 강압적으로 대하려고 그러는 것도 아니고 아이를 사랑하니까 그러고 싶은 것인데요. 아무리 의도가 훌륭하고 아름답다고 해도 그 방법이 아이로서는 그렇게 와닿지가 않아요. 그 마음 자체는 소중하지만 그런 마음을 담은 말과 행동은 아이에게 오히려 독이 되는 경우도 많고요.

우선 아이에게는 그 말 자체가 그저 잔소리로 들립니다. 아이들이 가장 듣기 싫어하는 말이 잔소리잖아요. 왜 잔소리를 듣기 싫어할까요? 먼저 잔소리가 왜 문제가 되는지를 말씀드리려고 합니다.

✦ 엄마의 잔소리 단계 1: 비난

잔소리를 할 때 엄마들은 먼저 아이가 하는 행동 자체를 문제로 삼아요. 어렸을 때엔 떼를 쓰는 것, 좀 크면 친구 사이에서 문제 행동을 하는 것, 고학년이 되면 해야 할 숙제나 공부를 안 하는 것, 부모나 선생님에게 대드는 것 등 바람직하지 않은 방향으로 행동하는 것을 발견하면 엄마는 그 행동을 교정하고 싶어 합니다. 그런데 아이의 행동을 교정하기 위해 하는 말은 비난으로 가기가 쉽습니다. 왜냐하면 그 상태에서 엄마의 감정은 불안하거든요.

'아이가 또 그런 행동을 하면 어떡하지? 점점 더 나쁜 행동을 하면 어떡하지? 이러다가 완전히 빗나가서 문제아가 되면 어떡하지?'

걱정이 많아지는 만큼 잔소리의 수위가 점점 세지고, 그러다 결국 행동에 대한 비난을 하게 됩니다.

"왜 숙제 안 해?"
"왜 친구랑 싸워?"
"왜 옷을 아무 데나 놓는 거야?"
"방 정리를 왜 안 해?"

엄마가 아이의 특정한 행동뿐 아니라 습관들을 매번 지적하고 비난합니다. 사실 아이도 해야 할 일을 안 했다는 사실을 다 알아요. 잔소리를 한두 번 들은 게 아니니까요. '그래야 한다. 그게 좋

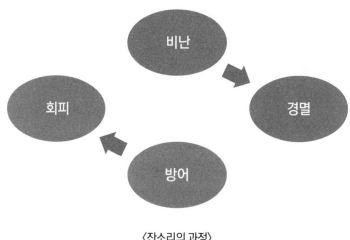

<〈잔소리의 과정〉

다. 그걸 안 하면 잔소리가 나올 거다. 엄마가 싫어할 거다.' 다 아
는데 잘 안 되는 거예요. 당연합니다. 어른이라고 아는 걸 다 행동
으로 실천하나요? 못 하거든요. 특히 아이는 전두엽이 발달 중이
기 때문에 능동적으로 행동하기까지 굉장히 많은 시간이 필요한
데 엄마는 기다리지 못하고 그저 아이가 이 행동을 안 하는 이유
는 '내가 말을 제대로 안 해서', '확실하게 전달을 안 했기 때문에'
또는 '아이가 내 말을 대충 들어서', '아이한테 뭔가 문제가 있어서'
라고 생각합니다. 그러면 감정이 불안해지기 때문에 그런 식으로
비난하며 잔소리를 하게 되는 겁니다.

✦ 아이의 잔소리 대응 행동 1: 방어

아이는 아이대로 비난의 말을 들으니 감정이 상하고 맙니다. 단순히 말뿐 아니라 엄마의 표정, 말투, 집안 분위기를 통해서 부모가 나를 공격하는 듯한 느낌을 받습니다. 그 느낌은 두려움뿐 아니라 유대감에도 손상을 주고 내가 존중받지 못했다는 느낌을 줍니다. 의존 욕구와 독립 욕구, 두 가지가 모두 훼손되는 거예요. 그래서 아이는 자기도 모르게 방어부터 합니다. 핑계를 대는 거죠.

"아니, 그게 아니라 지금 하려고 그랬어."
"엄마는 꼭 하기 직전에 잔소리하더라."
"내가 지금 다른 중요한 걸 하느라 못 한 거야."
"지금 하고 있었는데 엄마가 잘 알지도 못하면서 오해한 거야."

이런 식으로 방어를 합니다. 그러면 엄마 입장에서는 "그렇구나."가 안 돼요. 그보다는 '내가 한 말을 안 듣는구나. 나를 무시하는구나. 그러면 나중에 더 문제가 생기겠구나.' 하는 생각이 커지면서 더 불안해지죠.

✦ 엄마의 잔소리 단계 2: 경멸

엄마가 더 불안해지면 어떻게 될까요? 비난으로 시작했는데 문제해결이 안 되니 그다음 단계로 가서 수위를 높입니다. 바로 경멸입니다. 비난과 경멸은 한 끗 차이지만 중요한 차이가 있습니다. 경멸은 행동 자체에 대한 지적을 하는 게 아니라 됨됨이, 성격, 인격 자체에 대한 지적을 하는 거예요.

"왜 이렇게 게을러 빠졌어?"
"너는 왜 아무 생각이 없냐?"
"그런 정신 상태로 나중에 뭐가 되려고 그래?"

이런 말은 모두 다 행동에 대한 비난이나 지적이 아니라 사람 자체에 대한 경멸이에요. 이런 말을 하는 이유가 또 있죠. 아이의 행동을 지적했는데 안 먹히니까 인격을 모독해서 더 세게 충격을 줘서 말을 듣게 하겠다는 거예요. 그렇게 하는 이유는 아이를 사랑하기 때문이고, 그렇게 고통을 줘서라도 아이의 행동을 교정하고 싶기 때문일 거예요. 하지만 아무리 좋은 목적으로 한 말이라고 해도 그것까지 아이가 이해하기는 어렵습니다. '엄마는 나를 이렇게 인격적으로 모독하는구나. 경멸하는구나.' 하는 느낌만 받고 마음에 큰 상처를 입게 됩니다.

경멸의 말 때문에 순간적으로 아이의 행동이 교정될 수도 있어요. 하지만 이런 식의 행동 교정은 전혀 도움이 안 됩니다. 단기적으로만 효과를 보이다가 다시 돌아가기 때문입니다. 자신의 존재를 경멸당하는 경험이 누적되다 보면 아이가 그때 경험한 자괴감,

수치심, 억울함 등의 감정을 무의식적으로 처리하느라 에너지 소모가 되고 바람직한 행동을 할 에너지가 남아 있지 않게 됩니다.

✦ 아이의 잔소리 대응 행동 2: 회피

더 큰 문제는 정서적으로 데미지를 입기 때문에 처음에는 방어하다가 더 심한 경멸의 말을 듣게 되면 그다음에는 아예 엄마의 잔소리를 원천 봉쇄하기 위해 회피를 한다는 거예요. 대화를 단절하고 엄마 눈에 안 띄려고 하고 방문을 닫습니다. 더 중요한 것은 아이 스스로 마음이 위축된다는 사실입니다.

'나 이러면 안 되는데…'

이렇게 마음이 위축되면 아이는 늘 마음이 불편해요. 방문을 닫고 놀고 있어도 게임을 해도 마음이 안 좋고 죄책감이 들어요. 그래서 놀 때 제대로 놀지도 못하고 스트레스를 받으면서 놀아요. 몰래몰래 놀고 조마조마한 마음으로 놉니다. 그러면 스트레스도 안 풀리고 에너지는 계속 소진되고 마음은 위축되기를 반복하죠. 놀아도 노는 게 아니고 쉬어도 쉬는 게 아닌 거예요. 이런 패턴을 가지게 된 아이는 성인이 되어서도 같은 패턴을 보입니다.

조급해하지 마세요. 한두 마디 해서 또는 며칠 동안 얘기해서 아이를 바꾸겠다는 마음을 가지는 순간, 아이에게 잔소리하게 되고 심하면 경멸의 말까지 하게 되는 겁니다. 아이는 항상 식물처럼 키워야 합니다. 식물을 빨리 자라게 하려고 조급한 마음에 자꾸 위로 당기면 뿌리가 다 뽑힙니다. 그 뿌리가 바로 정서라고 생각하시면 됩니다. 엄마는 조물주가 아니에요. 원하는 대로 아이를 만들어낼 수 없어요. 그저 햇빛이 되어주고 물이 되어주고 거름이 되어줘야 해요. 엄마의 역할은 이게 전부입니다. 그러고 나면 아이가 알아서 자기의 역량껏 자라는 거죠. 그래서 길게 봐야 합니다. 엄마가 말을 해준다고 해서 바로 변화가 시작되는 게 아닙니다.

그렇다면 한 번만 할 게 아니라 계속 말하면 되는 걸까요? 제가 제안하는 전략은 말을 안 하는 겁니다. 아이가 조금만 커도 몰라서 못 하는 건 거의 없어요. 아이가 어린이집만 다녀도 많은 것을 알아요. 엄마가 말하지 않아도 아이가 어린이집에서, 유치원에서, 친구를 통해서, 책이나 여러 가지 매체를 통해서 듣고 배우는 게 엄청 많아요. 부모가 해주는 말은 그렇게 중요한 게 아니라는 거예요. 한 번 이야기하고 아무 말 하지 않으려고 노력하세요. 쉽지 않겠지만 매우 중요한 일입니다.

아이의 입장에서 엄마를 보면 말이 통하지 않는 벽처럼 느껴질 때가 많아요. 요즘 말로 '꼰대'인 거죠. 우리는 말로는 꼰대가 싫다고 하지만 부모가 되면 꼰대가 되어버립니다.

엄마가 아무 말 안 했을 때, 그냥 아이의 말을 듣기만 해줄 때 나타나는 효과가 있습니다. 엄마의 마음속에선 '이러다 아이가 더 이상해지는 거 아니야?' 하는 불안이 일겠지만 아이의 마음속에서는 어떤 감정이 스멀스멀 올라옵니다.

'내가 무슨 말을 해도, 무슨 핑계를 대도, 어떤 문제 행동을 해도, 무슨 변명을 해도, 떼를 써도, 말도 안 되는 응석을 부려도, 짜증을 내도, 우선 엄마는 내 말을 듣는구나.'

이 마음이 진짜 중요해요. 그런데 보통은 반대의 경우가 많죠.

'엄마는 귀를 닫고 있구나. 내가 무슨 말을 해도 내 말은 안 믿는구나. 들으려고 하질 않는구나. 듣고 싶은 말만 듣는구나.'

언제든 무슨 상황이든 내 말은 꼭 들어준다는 믿음이 아이 마음속에 생기면 좀 더 관계를 단단하게 형성할 수 있습니다. 정서적인 안정감을 가지는 데 있어서 무척 중요하고요. 이게 되어야 아이가 안심이 되고 차분해져요. 이게 안 되면 늘 불안합니다. 항상 긴장되고 마음은 늘 위축돼요. 이제는 아무 말 안 하는 엄마, 잘 들어주는 엄마가 되는 연습을 해보세요.

정서적 대화법 2
- 말하고 싶게 하기

"아무 말 하지 말라고 해서 제가 아무 말 안 해봤는데요. 그랬더니 아이도 말 안 하는데 어떡하죠?"

"저는 아무 말 안 하고 최대한 열심히 듣고 싶은데 아이가 말을 안 해요."

아이가 왜 말을 안 할까요? 아이마다 성격 차이가 물론 있겠습니다만 공통적인 이유가 있습니다. 아이는 이미 말을 했을 때 어땠는지에 대한 오랜 경험치를 갖고 있는 겁니다.

'내가 솔직하게 말을 좀 해봤더니 오히려 더 안 좋은 일이 벌어져.'

'내가 엄마한테 내 친구 얘기나 자연스러운 내 마음 얘기를 했더니 오히려 그걸 자꾸 판단하고 더 잔소리하고 더 간섭했어.'

'내 욕구나 바람을 말했더니 오히려 엄마가 너무 스트레스받았어. '너 숙제 다 했어? 이렇게 숙제도 안 했으면서 원하는 게 많니!' 하면서 나에게 책임을 넘기기도 했어.'

이런 식으로 부정적인 경험치가 쌓여서 말을 안 하는 겁니다. 이제 입을 닫는 거죠. 이것이 바로 회피입니다. 사실은 귀도 닫고 있습니다. 이렇게 집에서 말을 안 하는 아이가 많아요. 지금부터라도 꽤 긴 시간 동안에 다시 회복해야 합니다. 아이가 자신의 마음을 말할 수 있도록요. 말을 안 하는 이유는 과거에 좌절하고 실망하고 존중받지 않는 경험을 했기 때문이에요. 다시 말을 하게 하기 위해서는 이런 경험들과는 반대되는 경험을 하게 해야 합니다.

'엄마는 나를 존중하고 있고, 나는 대화를 통해서 상처가 아닌 따뜻한 마음을 경험할 거야.'라는 마음이 다시 생기도록 오랫동안 노력해야 합니다. 절대로 한 번에 되지 않습니다. 긴 시간이 걸려요. 아이가 자기가 하고 싶은 말을 아무 계산 없이 미리 상황을 예상하지 않고 표현할 수 있는 분위기가 되어야 합니다.

'내가 이런 말을 하면 엄마가 나를 안 좋게 보지 않을까? 나를 이상하게 생각하지 않을까? 나한테 더 큰 손해가 생기지 않을까?'

이런 식의 의심이나 계산 없이 자연스럽게 자기의 마음을 표현할 수 있는 상태가 되게 하려면 어떻게 해야 할까요?

✦ 말이 통하는 느낌 들게 하기

아이가 말하고 싶게 하려면 어떻게 해야 할까요? 말하는 것은 겉으로 드러나는 표현형이고 그 이면에는 반드시 아이의 마음이 있다고 했습니다. 생각도 있고 감정도 있고 욕구나 의도도 있어요. 그런데 이런 것들, 특히나 감정들을 잘 이해해야 돼요. 앞에서 말씀드린 예시들은 아이 마음속에 이미 불신이 있고 불안과 두려움이 있어서 나타난 거예요. 이를 해결하기 위해서는 '엄마는 말이 안 통해. 벽이야.' 이런 느낌이 아니라 '말이 통하네. 오, 웬일.' 이런 느낌이 들게 해줘야 합니다. 이런 느낌이 점점 반복되면 자연스럽게 말하게 됩니다.

대부분 아이들은 엄마가 아무리 내 말을 안 들어도 성인이 되기 전까지는 희망을 놓지 않아요. '혹시나 내 마음을 알아주진 않을까?' 하고요. 너무 그랬으면 좋겠으니까 그렇게 바라는 건데요. 혹시나가 역시나가 될 위험성을 가진 채 엄마를 테스트해봅니다. 가끔은 엄마를 한번 떠보기도 해요. 그 순간을 잘 인식해야 돼요. 기다리다가 아이가 조금 말하는 그 순간을 다시 없을 단 한 번의 기회라고 생각하고 입을 꾹 닫고 들어야 돼요. 그래야 아이는 엄마와 말이 통한다는 느낌을 받습니다.

✦ 흥미와 관심 보여주기

"지완이는 게임기가 있대."
"나는 평일에 게임 못하는데 지완이는 평일에도 게임한대."

이처럼 아이들은 친구와 자신을 많이 비교합니다. 게임이든 유튜브든 여러 가지 통제당하는 것 혹은 자기가 하기 싫은 것에 대해 더 상황이 좋아 보이는 친구와 비교하면서 말하는 거죠.

"지완이는 닌텐도 있대."

이렇게 엄마한테 말했다고 가정해봅시다. 그러면 이제 부모로서 어떻게 말을 해주시겠어요? 아무 말도 하면 안 됩니다! 우선은 듣는 거죠. 들어야 돼요. 끝까지 들어야 돼요. 이후에 말을 한다면 아이의 말을 더 듣기 위한 질문을 하는 겁니다.

"아, 그래? 닌텐도도 있구나."

이렇게 한 마디만 할 수도 있고 좀 더 할 수도 있어요. 대부분의 엄마들은 아이가 맨날 똑같은 얘기로 친구와 비교하면서 조르니까 너무 답답하고 짜증 나고 화가 나서 친구 얘기 좀 그만하라고 처음부터 말을 잘라요. 그러면 이제 아이의 마음에는 벽이 생기면서 '엄마는 역시 말이 안 통해. 역시 듣고 싶은 말만 들어.' 하며 입을 닫습니다.

그럼 어떻게 해야 될까요? 정답이 있는 건 아니지만 예시를 보여드릴게요. 주의하실 건 이 또한 하나의 예시, 하나의 방법일 뿐이라는 것입니다. 말이란 그 사람의 성격, 성향, 환경 등 여러 가지가 작용한 결과이기 때문에 정답을 외운다고 다 되는 게 아닙니다. 예시에서 강조하는 근본적인 태도를 이해해서 나의 언어로 만들어야 합니다.

"그랬구나."

첫 번째 마법의 말을 사용하는 겁니다. 거기에 더해서 호기심과 흥미를 보여주는 표현을 더해야 합니다. 내가 좀 흥미 없어도 그런 척을 좀 해야 돼요.

"오~! 그래? 그랬구나."

그냥 듣고만 있어도 되지만 아이에게 조금 더 기억에 남는 대화를 경험하게 하려면 중간중간 확실하게 호응을 해주세요. 엄청난 리액션이 아니라 엄마의 호기심과 흥미를 아이가 느낄 수 있는 정도면 됩니다. '엄마가 너한테 숙제나 공부 시키는 것에만 관심 있는 게 아니야. 네가 관심 있어 하는 것, 하고 싶은 얘기는 다 듣고 싶어. 들어줄 준비가 되어 있어.' 이런 마음을 보여주시면 됩니다.

그런데 '그랬구나'를 이렇게 활용하여 답하시는 분들도 있습니다.

"지완이는 닌텐도 갖고 있대."
"그랬구나. 그래서 너도 닌텐도 갖고 싶었구나. 그런데 너는 다른 게임기 있잖아. 다른 장난감도 많고."

이건 논리적으로 반박을 하는 말이죠. 왜 이렇게 말하면 안 되는지 말씀드리겠습니다. 우선은 논리적으로 따지는 대화의 예를 들면 이렇습니다.

"그러면 너, 친구가 뭐 하면 다 따라할 거야?"
"그러면 걔네 집 가서 살아. 왜 우리 집에 태어났어?"

이런 식으로 가다 보면 엄마의 감정도 격해지고 심한 말이 나오기도 해요. 차분하게 조곤조곤하게 말한다 해도 논리적인 반박에 아이가 대응하기 어려워서 아이에겐 모든 상황이 억울함으로 받아들여져요. 사실 이 대화는 처음부터 불공평한 대화입니다. 엄마는 힘이 있고 아이는 힘이 없어요. 어른은 논리력이 있고 아이는 없어요. 아이는 아직 어리기 때문에 논리력과 지능이 부족해요. 그러니 대화에서 논리를 내세우며 아이가 빠져나갈 구멍을 다 막고 설득으로 몰고 가지 마세요. '이러이러 하니까 넌 이래야 돼.'라고 말하지 마세요. 아이가 말을 안 하고 싶어집니다.

'논리적으로 빈틈없게 말하면 아이가 빠져나갈 구멍 없으니까 그 말 듣고 따르겠지? 자기도 생각해보면 내 말이 맞으니까.'

엄마들의 착각입니다. 사람은 논리로 움직이지 않아요. 우리도 마찬가지잖아요. 아무리 올바른 말을 해도 우리가 행동하는 이유는 그 말이 맞기 때문만은 아니에요. 그냥 마음이 그렇게 움직이면 행동하는 거예요. 그 말에 대한 반발심만 안 생겨도 성공이에요. 아무리 좋은 말이어도 '빈정 상해. 잘났다.' 그런 느낌이 생기면 반항심이 생기고 더 부정적인 정서만 남게 돼요. 아이들은 그런 경우가 더 많아요. 논리를 내세우는 건 불공평한 경쟁이기도 하지만, 무엇보다도 감정을 상하게 합니다. 아이 입장에서 할 말은 없어요. 논리가 부족하니까. 그런데 거기서 끝이 아니에요. 정서는 있어요.

'내가 느끼는 감정을 표현은 못 하겠는데 억울해.'
'내가 뭔가 당하는 거 같아.'
'엄마랑 얘기하다 보면 어떤 얘기든 결국은 숙제를 해야 된다는 결론에 도달해서 대화하고 싶지 않아.'

이게 굉장히 흔한 부정적인 정서예요. 그래서 논리가 아닌 정서를 다루는 대화를 해야 합니다. 아이와 대화할 때 논리를 내세우는 건 치사한 겁니다. 불공평한 경쟁이고 오히려 아이의 정서를 부정적으로 만드는 지름길입니다.

✦ 팩트에 대한 말을 감정에 대한 말로 되묻기

"오, 그래?"라고 답을 해주면 이제 대화가 끝나는 느낌이죠. 그렇게 끝나기만 해도 다행이지만 아이가 조금 더 말을 하게 해주면 좋습니다. 어떻게 해야 아이가 더 말을 하게 될까요? 아이의 정서가 무엇인지를 파악해보려고 노력해야 해요. 아이는 대체 왜 "지완이는 닌텐도도 있대."라는 말을 했을까요? 정보를 공유하려고? 엄마는 별로 관심도 없는 이야기를 아이는 왜 꺼냈을까요?

그 말 속에 아이의 마음이 있는 거예요. 친구가 닌텐도를 가지고 있는 것에 대한 마음이요. 사실 아이도 자기가 이 얘기를 지금 왜 하고 있는지 몰라요. 그냥 말이 나와서 하는 건데 그 이면에 있는 자기 마음을 아이도 잘 모릅니다. 그러니 엄마가 조금 더 헤아려주면 아이가 자기 마음을 살펴볼 수 있게 돼요.

"그래서 마음이 어때?"

이렇게 아이가 스스로 생각할 수 있도록 물어봐야 돼요. 물론 이 대화 예시가 정답은 아닙니다. 아이가 왜 이야기를 꺼냈는지 자기의 마음에 집중할 수 있는 말을 던져보세요.

"그래서 어떤 마음이 들었어?"
"기분이 어땠어?"
"무슨 생각이 들었어?"

미리 떠봐도 별로 안 좋아요. 엄마의 판단이 틀릴 때는 섣부르게 자신을 판단하고 오해하는 엄마에 대해 부정적 감정이 들고, 맞을 때는 날 것 그대로의 자기 감정이 들킨 느낌이 들어 민망하기 때문입니다.

"그래서 부러웠어?"

이렇게 정해서 말해주는 것보다는 열린 대답을 할 수 있는 질문을 해주세요.

✦ 필터 없는 날것의 감정 그대로 받아주기

요약하자면 아이가 닌텐도 있고 없고에 대한 사실만 말하더라도 엄마는 그 이면에 있는 감정을 읽고 아이의 마음이 어떤지 되물어주면 됩니다. 아이가 처음에는 말을 못할 수도 있지만 이러한 시도가 반복되며 점점 자기 마음에 집중하면 얘기할 수 있어요.

"부러웠어."

"짜증났어."

"억울했어. 나는 없으니까."

"엄마가 미웠어. 엄마는 안 사줘서."

이런 여러 가지 감정들이 있을 수 있겠죠. 이게 너무 중요합니다. 이런 표현을 하는 거요. 표현을 했다는 것은 자기 마음을 들여다보는 작업을 한 번 했다는 뜻이거든요. 자기의 마음을 들여다보고 그걸 말로 표현함으로써 자기의 마음에 더 확신을 가지게 되기도 합니다. 자, 이제 엄마는 어떻게 무슨 말을 해줘야 할까요? 가장 흔한 대화 예시는 이렇습니다.

"부러웠어."

"뭐가 부러워. 너는 스마트폰 있잖아. 걔는 닌텐도 있지만 스마트폰이 훨씬 더 비싸고 게임도 더 다양하니까 걔는 너를 더 부러워할 걸."

언뜻 들으면 아이를 위로해주는 말 같지만 아이의 입장에서는 자신의 감정이 존중받지 못했다는 느낌을 받습니다. 다른 사람이 나의 감정을 판단하면 안 돼요. 다른 사람은 나의 입장을 완전히 알지 못하기 때문이죠. 다른 사람은 아예 감정을 판단하지 않고 그냥 들어야 돼요. 아이는 엄마에게 그것을 기대합니다.

우선은 "뭐가 부러워?"라고 무시하거나 부정하면 안 됩니다. 지금 사정에 만족하고 감사하라며 다른 감정으로 억지로 이끌어서도 안 됩니다. 감정은 자연스러운 것이기 때문에 억지로 설득해서 끌고 가면 안 돼요. 오히려 반발심만 생기고 관계는 더 꼬입니다.

"그렇지. 부러웠겠다."

그냥 그대로 존중해주세요. 부러움 같은 경우는 쉽게 공감할 수도 있는 말인데요. 그보다 아이의 감정이 격해져 있을 때 그런 감정을 그대로 표현한다면 어떻게 해야 할까요? 더 날것의 감정, 정제되지 않은 유치한 감정, 내버려뒀다가는 큰일 날 것 같은 느낌이 드는 불안을 자극하는 감정들은 그대로 받아주기가 쉽지 않거든요.

"엄마 너무 미워서 짜증 나. 왜 난 우리 집에 태어났어?"
"엄마는 너무 엄마 같지 않아. 엄마는 너무 나한테 관심이 없어. 해주는 게 없어."
"그 친구 엄마는 너무너무 대단한 것 같아. 돈도 잘 벌어서 아이가 해달라는 것도 해주고."

엄마에 대한 판단, 원망, 비난, 또는 자기 현실에 대한 부정적인 마음, 날것 그대로의 감정이 아이의 입에서 나오면 상황이 쉽지 않습니다. 앞의 닌텐도 예시에서는 이런 말까지 나오지 않겠지만 다른 상황으로 예를 들면 정말 험한 말이 나올 수도 있어요.

"죽여버릴 거야."
"죽어버렸으면 좋겠어."

심지어 이런 말을 뱉을 수도 있죠. 그런데 그것 역시도 그대로 받아줘야 돼요. 필터 없는 날것의 감정일수록 기회로 삼아서 수용해야 하는데요. 정말 그래도 될지 불안하실 겁니다. 하지만 그건 엄마의 불안이고 엄마의 문제예요. 그 감정을 받아줬다가는 아이가 정말로 그렇게 행동할까 봐 불안한 건데, 사람이 쉽게 그런 극단적인 행동을 하지 않아요. 오히려 감정을 막았을 때 그 감정이 나중에 터지며 행동으로 나타나는 경우가 많죠.

그때그때 어떤 감정이든지 받아주면 엄마가 우려하는 행동은 하지 않습니다. 그게 바로 감정이 대화에 굉장히 중요한 이유입니다. 감정만 해결하면 되는 거예요. 해결하는 방법은 표현하는 겁니다. 아이가 감정을 표현했을 때 엄마가 잘 듣고 받아주고 이해해주고 존중해주면 아이의 감정이 해소돼요. 아이가 부러움을 표현했을 때 엄마가 그 마음을 존중하고 공감해주면 지나친 부러움에 압도된 마음이 점점 사그라들 수 있어요. 원망이나 비난 같은 부정적인 감정들도 역시 아이가 표현하고 엄마가 듣고 인정해주고 헤아려주면 점점 해소됩니다.

"그러면 엄마가 아이의 감정 쓰레기통이 되는 것 아닌가요?"

이런 걸 염려하시는 분도 있을 거예요. 아이의 감정을 읽어주고 받아주는 대화는 '감정 쓰레기통'이라고 할 수 없어요. 이처럼 감정을 수용하는 대화를 많이 해야 합니다. 사실은 지인 사이, 친구 사이에서도 이런 대화를 서로 주고받는 게 좋습니다. 일시적으로 감정 쓰레기통처럼 느껴질 수는 있겠죠. 아이가 자기 감정을 마구 이야기하고 엄마는 그저 들어주는 거니까요. 하지만 아이가 느낀 감정을 얘기했는데 그걸 들어주면서 '내가 감정 쓰레기통이 되는 거 아닌가?'라고 생각했다면 이미 다른 관계에서 감정 쓰레기통 역할을 많이 한 것에 대한 억울함이 있는 상태이실 겁니다. 그렇지 않은 분들은 아이와 대화를 할 때 감정 쓰레기통이 될까 봐 우려하지 않습니다. 아이와의 관계가 문제가 아니라 나의 다른 인간관계에서 문제가 있는 것이죠. 부부 관계든 친구 관계든 내가 너무 감정 쓰레기통이 되고 호구되는 느낌이 들었다면 거기서 해결해야 합니다. 아이와의 관계에서는 오히려 내가 그 역할을 자처해서 할 정도로 마음의 여유가 있어야 해요. 내가 힘이 없어서 어쩔 수 없이 당하는 쓰레기통 역할이 아닌, 내가 엄마니까 여유를 가지고 감정을 담아주는 것이죠.

늘 반복되는 결론이지만 결국은 엄마의 마음이 너무 중요해요. 그래서 제가 항상 엄마 마음에 대한 강의를 많이 합니다. 지금의 주제는 아이의 정서이지만 그래도 역시나 아이의 정서를 잘 살피려면 엄마의 마음에 여유가 있어야 합니다.

이제 엄마와 아이의 관계가 잘 형성되면 아이가 점점 자라면서 엄마 역시도 마음을 더 표현하고 아이가 엄마 말을 듣고 또 수용해줘요. 이 관계가 점점 돈독해지는 게 부모의 행복이겠죠. 엄마가 아이와 서로 믿고 신뢰하고 의지하는 관계가 되는 것. 그게 사랑이고 존중입니다.

✦ 꾹 참고 그냥 집중해서 듣고만 있기

엄마가 이렇게 한번 감정을 받아주면 아이가 바로 감정이 해결되고 깔끔하게 뭔가 선순환되면 좋은데 그렇지 않아요. 길게 노력해야 되는 작업이라서 드라마틱하게 아름다운 결과가 나오지 않아요. 오히려 감정을 받아줬더니 자기의 쌓였던 감정을 더 늘어놓을 수도 있죠. 늘어놓으며 잊혔던 생각이 떠올라 아이의 감정이 더 격해지기도 합니다. 하지만 괜히 말을 하게 해서 없던 감정이 생겨난 것이 아닙니다. 이미 그 전에 많이 생각했고 마음속에 담아둔 감정이 쏟아져 나온 거예요.

"아, 지완이는 학원도 나보다 적게 다니고. 걔네 엄마는 게임 시간도 많이 주고, 걔 엄마가 우리 엄마였으면 좋겠어."

이런 얘기를 할 수 있어요. 이게 진솔한 자기 마음이죠. 듣는 엄마의 입장을 전혀 헤아리지 않고요. 그런데 아이는 원래 그런 존재예요. 여기서 물론 좀 상처받을 수도 있지만 아이가 진솔하게 자기 감정을 얘기했다는 것에 집중해야 합니다. 너무 중요한 거예요. 엄마는 그걸 들어야 돼요. "그럼 그 집 가서 살아." 이렇게 반응할 게 아니라요.

엄마 마음에 여유가 없고 자신감이 없고 스스로가 진짜 좋은 엄마 같지 않은 느낌이 있으면 이런 말에 여유롭게 반응하지 못해요. 오히려 더 감정적으로 반응해서 아이가 이런 말을 다시 못하게 하죠. 아이 마음을 헤아리기보다는 내가 상처받지 않도록 내 마음 지키느라 급급한 겁니다. 아이의 진솔한 이야기를 들어서 기쁘지만 속에서는 이런 논리들이 막 피어오를 거예요.

'지완이 그렇게 살다가는 나중에 후회할 거야. 그런 애들이 나중에 초등학교 고학년 돼서 친구들 학원 보낼 때 자기만 안 보내서 지금 뒤따라가기 힘들게 만들었다고 다 엄마 탓이라고 할걸. 너는 나중에는 엄마한테 고마워할 거야.'

이런 얘기를 하고 싶은 마음이 드는 건 자연스러울 수 있지만 꾹 참고 입을 닫아야죠. 들어야 돼요.

"그렇구나. 그런 생각이 들었구나. 그렇게 보이는구나. 그럴 수 있겠다."

또 중요한 팁은 엄마도 어렸을 때 그런 마음이 많이 들었음을 얘기해주는 거예요.

"엄마도 옛날에 그랬어. 똑같은 마음이 들더라. 되게 서운하고 억울하고 울고 그랬어. 너도 그렇구나."

딱 여기까지 하고 말을 멈춰야 합니다.

"그런데 나중에 크고 나니까 알게 되더라. 너도 엄마 나이가 되면 알 거야."

이런 말까지 하지 않도록 주의해야 합니다. 그다음에 관계가 더 진전된 후에는 엄마로서 이런 역할을 할 수밖에 없는 마음을 좀 표현해도 돼요. 하지만 지금은 우선은 듣고만 있는 게 좋습니다.

✦ 불안·두려움 등 근본적인 감정 인식

'이러다가 아이가 그냥 아무 말이나 하고 눈치없이 자기 감정을 드러내다가 이상한 아이가 되진 않을까?' 이런 염려가 들지도 모르겠습니다. 하지만 절대 그렇지 않습니다. 아이가 '아무 말 대잔치'를 해도 큰일 안 나요. 오히려 그렇게 아무 말이라도 해야 돼요. 집에서 남의 시선 신경 쓰지 않고 편하게 아무 말이나 할 수 있게 해줘야지 감정이 해소되고 밖에서 조절을 잘합니다. 아이가 집에서 의사 표현을 하거나 의견을 내도 들어주지 않고 말을 통제하고 억압하면 집 안에서 쌓였던 게 밖에서 터져요.

감정이 해소될 뿐 아니라 다음 단계로도 갈 수 있게 됩니다. 아이도 점점 생각을 하게 돼요. 자연스러운 감정을 엄마에게 표현해봤더니 뭔가를 깨닫게 됩니다. 자기의 감정이나 정서나 또는 생각의 흐름과 그 패턴을 점점 알게 돼요. 이거는 하나하나 가르쳐 줘서 알게 되는 게 아니에요. 이런 자기에 대한 통찰은 계속 반복적으로 자기의 생각과 감정을 말해보는 경험을 통해서 인식되는 거예요.

아이의 감정을 받아주기만 하면 온실 속 화초처럼 자라 사회성이 떨어질까 봐 걱정하는 분들도 있습니다. 사실 그 걱정을 가장 많이 하실 거예요. 사회성은 다른 사람의 입장을 헤아릴 수 있는 능력이 가장 중요합니다. 그런데 우선 자기의 감정을 잘 이해할 수 있고 그걸 표현할 수 있는 사람이 상대방의 감정도 잘 헤아릴 수 있게 됩니다. 오히려 자기 마음도 잘 모르는 사람들이 상대방의 입장을 헤아릴 수 없어서 눈치 없게 행동하거나, 상대방의 입장만 헤아리고 자기 마음은 헤아리지 못해 지나치게 눈치를 보는 문제가 생깁니다. 여러분이 흔히 하는 걱정과 정반대입니다. 그래서 엄마가 말 안 하고 충분히 듣는 게 진짜 중요한 거예요.

정서적 대화법 3
- 결론 내지 않기

이제 마지막 세 번째 정서적 대화법입니다. 정서를 잘 다루었으면 결과적으로 어떻게 하면 공부를 시킬 것인지에 대해 궁금해하실 것 같습니다. 지금 그렇게 생각하셨다면 대화의 목적이 업무라고 보신 겁니다. 일 처리로 본 거죠. 대화의 목적은 그게 아니에요. 좀 돌아가는 것 같아도 정서적 관계를 놓치지 않아야 숙제시키기도 잘 돼요. 숙제시키는 건 정서적 관계를 잘 쌓는다면 결국은 해결되거든요. 그래서 관계를 쌓는 게 중요한 거예요. 그러기 위해서는 이보 전진을 위해서 일보 후퇴를 해야 합니다. '내가 이렇게 얘기 잘 들어줬으니까 이제 엄마 말 듣겠지.' 이런 마음을 내려놓아야 하고 성급하게 결론으로 이끌지 않아야 합니다.

✦ 아이와의 대화 목적은 업무가 아니라 관계

사실 이 부분은 결코 쉽지 않습니다. '그럼 내가 지금까지 대화 왜 했나? 시간 낭비한 거 아닌가?' 하는 생각이 들 수 있어요. 하지만 바꿔 생각해보면, 결국 내가 공부시키려고 대화했다는 증거밖에 안 돼요. 전혀 시간 낭비가 아니라 정서적인 관계를 형성한 거예요. 그게 되어야 나중에 아이가 자기주도적으로 공부를 하게 돼요. 시간이 걸리더라도 그 전 작업을 충분히 해야 돼요. 그런데 이 것을 못 견디면 불안해서 억지로 공부시키고 그러느라고 감정을 억압하거나 오히려 불안이나 공포 또는 수치심을 자꾸 자극해서 행동으로 이끌게 됩니다. 그러면 순간적으로는 아이가 숙제해서 엄마는 마음 편하지만 아이의 마음속에서는 부정적인 정서가 계속 쌓이고, 나중에는 정서가 망가지는 더 큰 부작용이 생깁니다.

그래서 결론 내지 않는 것도 중요해요. 결론 내지 않는 엄마의 진짜 마음이 또 다 티가 나요. 엄마가 아무리 대화법을 외워서 감정 받아주려고 해도 엄마 마음의 여유가 없고 그게 불만족스럽고 마음이 불안하면 말투에 드러납니다. 그리고 아이는 그걸 기가 막히게 알아채고요. 특히나 아이가 문제 행동을 했을 때, 감정적으로 격해졌을 때 대화가 시작됐다면 더더욱이 결론 내면 안 됩니다. 조급해질수록 하지 않아야 합니다.

결론을 굳이 내고 싶다면 다음 날 하실 것을 추천합니다. 결론이라는 단어보다는 상의라는 말이 더 적합할 것 같습니다. 엄마가 아이에게 일방적으로 지시하는 것이 아닌, 상호 존중하는 마음으로 대화하는 것이기 때문입니다. 다음 날 감정적으로 편안할 때, 엄마도 편안하고 아이도 편안할 때 대화해야 깔끔하고 적당하게 얘기할 수 있어요. 그래야 아이 입장에서도 엄마가 내 마음을 웬일로 잘 들어주더니 결국 엄마 원하는 방향으로 이끌어간다는 식의 연결을 짓지 않고 정서적 대화 목적을 오해하지 않게 됩니다.

이 과정에서도 앞선 첫 번째와 두 번째 정서적 대화법이 그대로 적용됩니다. 하루 영상 시청 시간 등 일반적인 생활 습관이든, 숙제할 시간이든 상의를 하다 보면 결국 서로 생각이 다르기 때문에 감정적인 갈등이 생깁니다. 그럴 때마다 지금 당장 결론을 내는 것이 대화의 목적이 아니라는 점을 상기하고, 아이의 불편한 감정을 마주한다면 입을 닫고 조심스럽게 아이의 마음을 들어주세요. 그것 자체가 정서적 대화를 하게 되는 기회가 되기도 하고, 그런 과정이 동반되어야 합의도 자연스럽게 이루어집니다. 이러한 대화 경험이 누적되어야 상의 과정 자체에 대한 부정적 정서가 형성되지 않습니다. 그래야 아이가 앞으로도 수없이 엄마와 상의하며 정해야 할 많은 것들을 피하지 않고 능동적으로 대할 수 있게 됩니다.

우리 아이 공부정서 지키기,
지금부터 시작하면 됩니다

지금까지 아이의 정서를 읽어주는 대화법을 소개했습니다. 유아기부터 꾸준히 시도한다면 우리 아이의 정서를 잘 지켜줄 수 있을 겁니다. 이 책을 읽는 분 중엔 아이의 공부정서가 망가진 상태라 이미 늦은 것 아닌가 고민하는 분도 있으실 텐데요. 다행인 건 공부정서는 언제든지 회복할 수 있습니다. 빠를수록 좋겠지만 늦어도 괜찮습니다.

사춘기 아이와의 대화는 조금 다르게 접근해야 합니다. 초등학교 저학년까지는 부모에게 숨기는 것이 거의 없지만, 청소년기에는 숨기는 것이 많아집니다. 부모가 그 이유를 알고 싶어서 물어봐도 대답을 잘 안 하고요. 그런 행동에는 여러 가지 이유가 있는데, 독립적인 인격이 형성되면서 점차 나만의 고유한 것을 갖고 싶어 하기 때문에 부모와 공유하고자 하는 욕구가 줄어들게 됩니다. 그러나 아이들은 여전히 부모와의 유대감을 필요로 합니다. 부모는 아이가 마음을 닫았다고 서운해하지 마시고, 자연스러운 발달 과정으로 이해해주세요. 사춘기 아이들은 자율성과 독립성을 가지려는 마음이 강해지기 때문에, 마음을 나누고자 하는 욕구가 줄어드는 것입니다.

부모도 기존의 태도를 바꾸는 노력을 해야 합니다. 아이들은 부모와 10년 이상 같이 살면서 여러 가지 경험을 통해 부모에 대한 고정관념을 형성하게 됩니다. 부모는 이러한 고정관념을 깨기 위해 자신의 태도를 변화시켜야 합니다. 이는 불안을 넘어서는 용기가 필요합니다. 부모의 불안 때문에 기준이 높아졌다면, 사춘기에는 이를 깨는 것이 중요합니다. 아이가 부모에게 반항하고 막말을 할 때에도, 부모는 놀란 마음을 가라앉히고 행동 이면의 마음에 집중해 이해하고 공감하고 수용하는 태도를 보여야 합니다.

정서와 행동을 구분하는 것도 여전히 중요해요. 부모는 아이의 마음을 충분히 받아주되, 해야 할 행동은 꾸준히 시켜야 합니다. 마음은 받아주지만 행동은 지도하는 것이 아이에게는 큰 차이를 만듭니다. 부모가 아이의 마음을 진솔하게 받아주고 적절한 행동을 시키는 것이 중요합니다. 이를 통해 아이는 부모의 진정성을 느끼고 정서적 안정감을 얻을 수 있습니다.

정서는 상호작용을 통해 만들어지는 것인데, 그 정서를 읽어주는 존재가 있다는 것 자체가 중요합니다. 정서가 중요한 이유는 결국 관계를 통해 형성되기 때문입니다. 내 정서를 옆에서 읽어주고 나를 믿어주는 존재가 있느냐 없느냐는 큰 차이를 만듭니다. 이는 애착이라는 개념으로 이어지는데, 어렸을 때뿐만 아니라 성인이 되어서도 애착은 중요합니다. 성인이 되어서도 연애를 하고 결혼을 하는 이유는 결국 친밀한 유대감을 형성하여 나를 더 견고하게 만들기 위해서입니다. 이러한 유대감은 나의 발전에도 도움을 줍니다. 따라서 지금부터라도 아이와의 관계를 통해 정서를 회복시킬 수 있습니다.

물론 아이의 정서 회복은 단기간에 이루어지지 않습니다. 여기서 또 조급해하시면 안 됩니다. 최소한 1~2년 이상의 긴 시점을 가지고 아이의 정서와 행동을 함께 살펴보아야 합니다. 정서를 받아주는 것은 아이의 정서적 코어를 강화하는 것과 같습니다. 꾸준히 정서적 교감을 유지하면서 아이의 정서를 회복시켜야 합니다. 이러한 과정에서 부모와 아이 모두가 성장할 수 있습니다. 이제부터는 공부를 잘하느냐 못하느냐 보다는 아이와의 정서적 교감에 주력해보세요. 부모의 노력은 분명히 아이에게 긍정적인 영향을 미칠 것입니다.

MEMO

MEMO

MEMO

MEMO

상위 1%의 비밀은 공부정서에 있습니다

초판 1쇄 발행   2024년 6월 20일
초판 4쇄 발행   2024년 9월 25일

지은이   정우열
발행인   정수동 이남경
편집   김유진

발행처   저녁달
출판등록   2017년 1월 17일 제406-2017-000009호
주소   경기도 파주시 문발로 142 니은빌딩 304호
전화   02-599-0625
팩스   02-6442-4625
이메일   book@mongsangso.com
인스타그램   @eveningmoon_book
유튜브   몽상소

ISBN   979-11-89217-28-0   03590